冶金工业出版社

普通高等教育"十四五"规划教材

金属材料工程专业实验教程

主　编　王晓欢
副主编　孙　丽　巩天浩　杜赵新
参　编　逯　瑶

U1014960

全书数字资源

北　京
冶　金　工　业　出　版　社
2025

内 容 提 要

本书详细介绍了金属材料工程专业的典型实验和共性实验，主要包括金属材料基础实验、金属材料工艺实验、金属材料综合实验、材料分析方法实验和其他相关实验，共计30个实验项目。每个实验主要按照实验目的、实验理论背景、实验设备及材料、实验方法和实验要求进行编排，并在每个实验项目最后编入“课程思政驿站”，其中涉及典型事件、大国工匠、企业生产案例和科研案例等，既拓展了学生的知识面，又可提升育人效果。本书旨在为金属材料工程专业实验教学提供指导。

本书可作为高等院校金属材料工程专业的实验教材，也可供材料类相关专业师生参考。

图书在版编目（CIP）数据

金属材料工程专业实验教程／王晓欢主编. -- 北京 : 冶金工业出版社，2025. 4. --（普通高等教育“十四五”规划教材）. -- ISBN 978-7-5240-0181-2

Ⅰ. TG14-33

中国国家版本馆CIP数据核字第2025GL3663号

金属材料工程专业实验教程

出版发行 冶金工业出版社 **电　话**（010）64027926
地　址 北京市东城区嵩祝院北巷39号 **邮　编** 100009
网　址 www. mip1953. com **电子信箱** service@ mip1953. com

责任编辑 王　颖 美术编辑 吕欣童 版式设计 郑小利
责任校对 葛新霞 责任印制 窦　唯
北京建宏印刷有限公司印刷
2025年4月第1版，2025年4月第1次印刷
787mm×1092mm 1/16；10. 75印张；260千字；160页
定价49. 00元

投稿电话 （010）64027932 投稿信箱 tougao@ cnmip. com. cn
营销中心电话 （010）64044283
冶金工业出版社天猫旗舰店 yjgycbs. tmall. com
（本书如有印装质量问题，本社营销中心负责退换）

前言

金属材料工程专业是材料科学与工程领域的基础学科，涉及黑色金属、有色金属、复合材料、粉末冶金、材料热处理、材料腐蚀与防护及表面等方向。本专业主要学习材料科学的基础理论，掌握金属材料及其复合材料的成分、组织结构、生产工艺、环境与性能之间关系的基本规律。通过综合合金设计和工艺设计，提高材料的性质、质量和寿命，并开发新的材料及工艺；培养能够快速适应技术革新，具有较强的创新意识和良好的团队协作精神，能够在金属材料设计、加工、制造中承担工艺设计、技术开发、质量控制、生产运营与管理等工作的高级应用型人才。

高校实验教学是大学生开展创新性科研的主要渠道，可以激发学生创新思维能力。实验教学与理论教学相比，在综合性、直观性、实践性、探索性、启发性方面更具有优势。在高校教学中，实验教学作为重要的组成部分，可以有效地培养高校学生的逻辑思维能力、动手操作能力和沟通协作能力。高校实验教学作为人才培养的重要环节，是培养学生创新创业能力和综合实践能力的关键。在“双一流”和“双创”等建设背景下，高校实验室呈现出数量规模化、种类多样化等特点，其重要性不言而喻。通过实验教学不仅可以加深学生对基础理论知识的理解、培养活学活用的本领和创新思维，还在卓越人才培养方面占据不可替代的地位。

本书梳理了金属材料工程专业重点实验类课程，主要包括金属材料基础实验、金属材料工艺实验、金属材料综合实验、材料分析方法实验和其他相关实验课程。对各个实验中的理论背景、实验目的意义、实验内容和要求等进行详细阐述，通过理论和实验相结合进一步深化了对知识的理解和吸收。书中还明确了实验中的注意事项，对于学生高效、安全地进行实验起到了重要的指导作用。同时，本书深入挖掘了实验课中蕴含的思政元素，每个实验加入了相关性很强的课程思政案例，既拓展了学生的知识面，又达到了很好的育人效果。本书是与“金属学与热处理”“材料科学基础”“金属材料学”“热处理原理与工艺”和“测试技术”等多门课程相配套的实验教程。

本书第1章、第2章、第3章由王晓欢编写，第4章由孙丽编写，第5章及附录由巩天浩编写，书中课程思政案例由王晓欢、杜赵新、巩天浩、逯瑶共同完成。全书由王晓欢担任主编并统稿。

本书是编者多年从事理论教学、实验教学、科学研究和生产管理等工作的系统总结，在编写过程中得到了许多同事的帮助，感谢李志芳老师提供多年工作中积累的宝贵资料，感谢吕凯、徐俊瑞、樊立峰、王文彬和刘刚等老师在书稿撰写过程中的支持。

由于编者水平所限，书中不妥之处，敬请广大读者批评指正。

编者 王晓欢

2025年1月

目　录

1 金属材料基础实验

1.1 二元合金相图的建立

1.1.1 实验目的

（1）学会并掌握用热分析法测定不同成分 Pb-Sn 合金的临界点；

（2）建立 Pb-Sn 二元合金相图；

（3）提高学生动手能力、理论联系实际能力和团队协作能力；

（4）学习不屈不挠、永不放弃的科学精神，培养学生严谨的科研态度，提高学生的民族自豪感。

1.1.2 二元相图概述

绝大多数工业用的金属材料都是合金。由于合金成分中包含两个以上的组元，因此其结晶过程比纯金属复杂得多，但它和纯金属遵循相同的结晶规律，也是在过冷条件下形成晶核与晶核长大的过程。与纯金属的结晶相比，合金的结晶也有它自身的特点。首先，合金的结晶过程不一定在恒温下进行，很多是在一定温度范围内完成的，而纯金属的结晶是在固定的温度下进行的；其次，合金的结晶不仅会发生晶体结构的变化，还会伴有化学成分的变化，而纯金属的结晶只会发生晶体结构的变化。对于合金复杂的结晶过程必须用合金相图来进行分析。

相图又称为状态图或平衡图，它是表示材料系统中相的状态与温度及成分之间关系的图形。它可作为制订合金铸造、锻造、热处理工艺参数的依据，还可用来预测合金的性能。测定临界点的方法很多（如热分析法、X 射线分析法、膨胀法等），最基本的方法是热分析法。

热分析法的原理是在均匀冷却过程中，根据系统温度随时间变化情况来判断系统中是否发生了相变化。将合金熔化后，使之均匀冷却，每隔一定时间记录一次温度，以温度为纵坐标、时间为横坐标，做出温度与时间的关系曲线，表示温度-时间关系的曲线称为冷却曲线。若熔融体系在均匀冷却的过程中无相变，得到的是平滑的冷却线；若在冷却的过程中有相变发生，那么相变热的释放与散失的热量有所抵偿，冷却曲线将出现转折点或水平线段，转折点所对应的温度即为相变温度（临界点）。对同一合金系分别测出不同成分的冷却曲线，并从各曲线上找出各合金的临界点，将这些临界点放到温度-成分坐标系内，再把相同意义的临界点连接起来，便可建立该合金的相图。

热分析法多用于测定合金由液态转变为固态时的临界点，但难于测定合金在固态转变时的临界点，这是由于合金在固态相变时所释放或吸收的潜热较小的缘故。因此，要想测定固态相变的临界点，还需配合采用其他方法。在使用热分析法建立相图时，如果温度测量越准确，冷却速度控制越缓慢；测定合金的成分越多，合金的纯度越高，则相图越精确。本实验以铅锡合金为例，其相图如图 1-1 所示。实验将利用热分析法建立 Pb-Sn 二元合金相图。

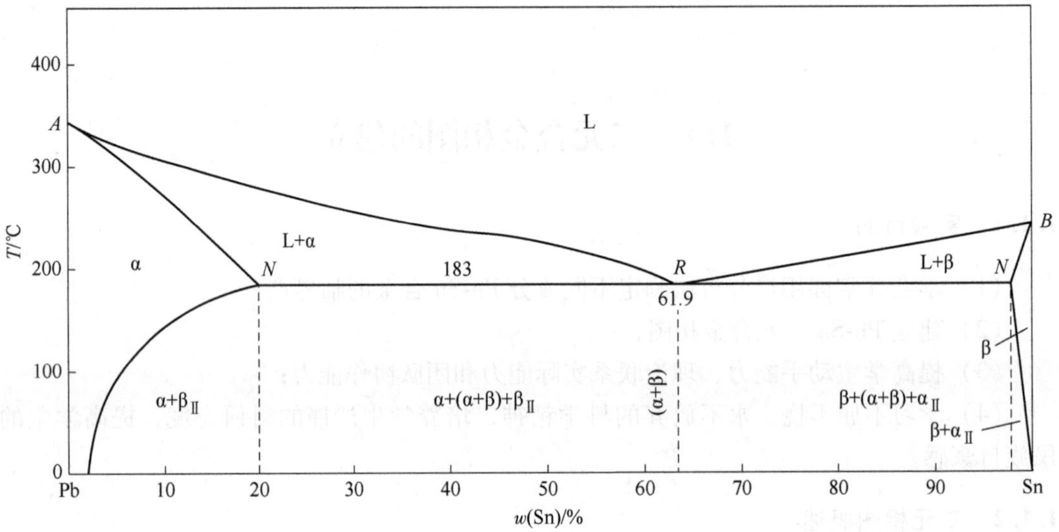

图 1-1 Pb-Sn 二元合金相图

1.1.3 实验设备与材料

（1）实验设备。

坩埚电炉、抛光机、光学金相显微镜、坩埚、温度计、秒表、金相砂纸、滤纸等。

（2）实验材料。

纯金属 Pb、Sn。

1.1.4 实验内容与方法

（1）用热分析法测定不同成分 Pb-Sn 二元合金的临界点并建立相图。

1）以小组为单位配制下列成分的合金：

成分Ⅰ为 19% w(Sn) +81% w(Pb)；

成分Ⅱ为 30% w(Sn) +70% w(Pb)；

成分Ⅲ为 62% w(Sn) +38% w(Pb)；

成分Ⅳ为 80% w(Sn) +20% w(Pb)；

成分Ⅴ为 97% w(Sn) +3% w(Pb)。

2）将以上成分合金放入坩埚内，然后放入坩埚炉中加热，直至合金全部熔化，并过热 30 ~ 50 ℃。

3）停止加热后，将熔化状态的合金缓慢冷却，并记录冷却时温度随时间的变化，每隔 30 s 记录一次温度值，从温度计上观察其温度随时间的变化，直至合金完全凝固为止。

4）在温度-时间坐标系中，分别做出不同成分合金的冷却曲线。

5）将各合金冷却曲线上的转折点，分别投影到 Pb-Sn 二元合金温度-成分坐标系内，做出 Pb-Sn 二元合金相图。

（2）将凝固后的合金制备金相试样，其方法如下：

1）用 280→320→400→500→600→800→1000 金相砂纸将锉平的试样横断面磨光；

2）将磨好的试样进行抛光，先粗抛光，后精抛光；

3）将抛光后的试样用水冲洗干净，并吹干；

4）用 1∶1 盐酸和硝酸的腐蚀剂腐蚀；

5）经过腐蚀的试样用水冲清洗，酒精脱水并吹干；

6）在显微镜下观察不同合金的显微组织，并对照状态图分析其结晶过程。

1.1.5　实验要求

（1）学生进入实验室前必须做好实验预习；明确实验目的、任务、有关原理、操作的主要步骤、注意事项。

（2）实验过程中必须严格遵守操作规程及注意事项；自觉遵守实验室各项规章制度。

（3）实验报告中要求有实验名称、实验目的、实验设备及材料。

（4）根据本组测得的合金的温度变化，做出该成分合金的冷却曲线（温度-时间曲线）。

（5）综合每小组测得的冷却曲线，建立 Pb-Sn 二元合金相图。

（6）画出各成分合金的显微组织示意图，并讨论其结晶过程。

（7）试分析影响冷却曲线形状的实验因素。

1.1.6　课程思政驿站　国际相图界的“中国霍金”

金展鹏，一位轮椅上的院士。虽然疾病摧垮了他的身体、仅留给他智慧的大脑，但这位因四肢瘫痪而卧床的老人却从未停止攀登科学高峰、培养人才的“脚步”。瘫痪在床 22 年，他依然能将自己的科学探索之路演绎得如此精彩。

金展鹏首创了在一个试样上研究三元相图整个等温截面的“三元扩散偶-电子探针微区成分分析法”。国际上后来把它称为金氏相图测定法。该方法就是先把不同的金属黏合在一起，进行长时间的退火，使金属或合金相互扩散，在扩散组织之间达到局部平衡，然后用电子探针微区成分分析测定淬火后扩散偶试样中相界两侧的成分，就可得到一系列二元结线，依次连接的端点，从而得到整个相图。与常规相图测定方法相比，扩散偶方法具有工作少、热处理周期短等优点，其效率是常规方法的几十倍，并可用于研究任何固相等温截面，在实测高熔点金属相图时更为优越。

如当时德国的一名教授与他同时研究 W-Fe-Ni 相图，该教授构筑一个截面用了 52 个试样，而金展鹏只用了 1 个试样。这也是国际相图界有名的“1∶52”。该研究工作得到包括美国劳伦斯·利弗莫尔国家实验室（LLNL）、橡树岭国家实验室（ORNL）、加州大学、俄国科学院、莫斯科大学、英国皇家学会等国际同行的广泛采用。相图的测定研究工作复杂，而我国早已在国际相图界占有重要的地位。

（资料来源：网络）

1.2 铁碳合金平衡组织观察

1.2.1 实验目的

（1）观察和识别铁碳合金（碳钢和白口铸铁）在平衡状态下的显微组织特征；

（2）牢固建立铁碳合金中成分、组织和性能之间的变化规律；

（3）应用杠杆定律估算碳钢中的含碳量；

（4）锻炼学生的动手能力，学会利用相图解决实际问题；

（5）通过讲解中国钢铁的发展历程，激发学生的民族自豪感和爱国情怀。

1.2.2 铁碳合金概述

铁碳合金是以铁和碳为组元的二元合金。铁基材料中应用最多的一类——碳钢和铸铁——就是一种工业铁碳合金材料。钢铁材料适用范围广阔的原因，首先在于可用的成分跨度大，从近于无碳的工业纯铁到含碳（质量分数）4%左右的铸铁，在此范围内合金的相结构和微观组织都发生很大的变化；另外，还在于可采用各种热加工工艺，尤其是金属热处理技术，大幅度地改变某一成分合金的组织和性能。研究铁碳合金的平衡组织是分析钢铁材料性能的基础。所谓平衡组织，是指合金在极其缓慢的冷却条件下所得到的组织。

由 $Fe\text{-}Fe_3C$ 相图（见图 1-2）可以看出，铁碳合金的室温平衡组织均由铁素体和渗碳体两个基本相所组成，其中渗碳体又分从液体中直接析出的一次渗碳体（Fe_3C_{I}），从奥氏体中析出的二次渗碳体（Fe_3C_{II}），从铁素体中析出的三次渗碳体（Fe_3C_{III}），但对于不同含碳量的铁碳合金，由于铁素体和渗碳体的析出条件、相对数量、形态与分布都不同，从而使各类铁碳合金在显微镜下表现出不同的组织形貌。

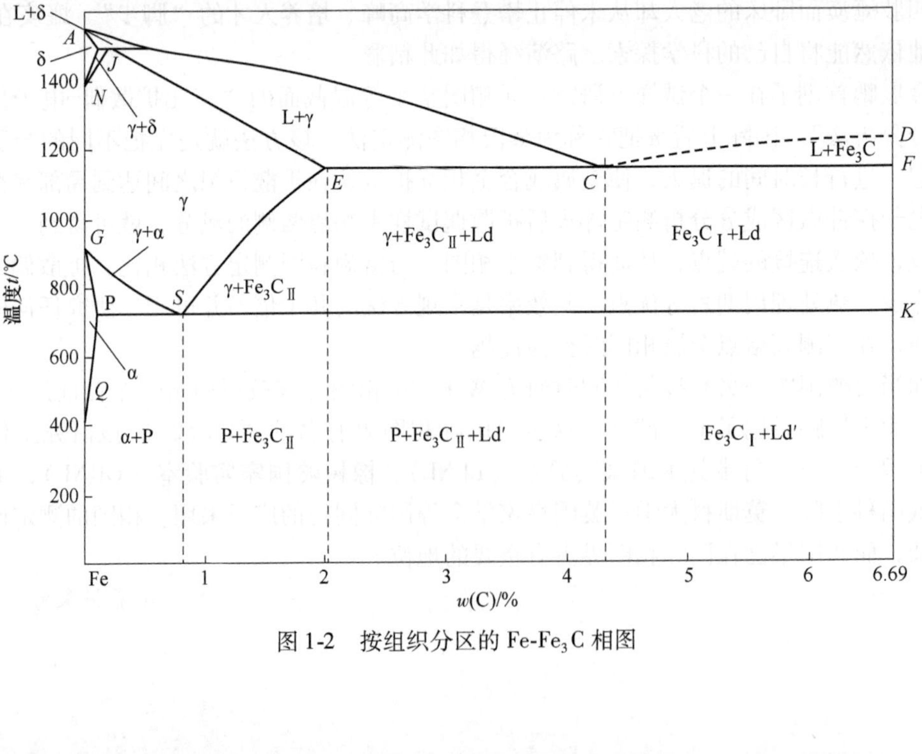

图 1-2 按组织分区的 $Fe\text{-}Fe_3C$ 相图

1.2.2.1 工业纯铁

工业纯铁是指含碳量（质量分数）低于0.0218%的铁碳合金。其显微组织由铁素体和三次渗碳体所组成。经4%硝酸酒精溶液浸蚀后铁素体晶粒呈亮白色块状，晶粒和晶粒之间显出黑线状的晶界。三次渗碳体呈不连续的小白片，位于铁素体的晶界处，如图1-3所示。

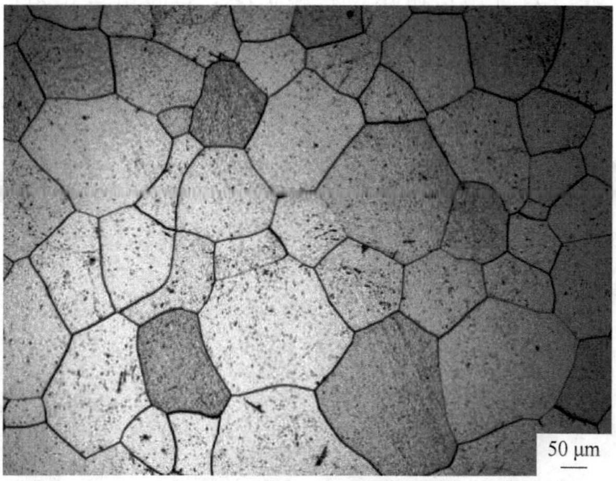

图1-3 工业纯铁显微组织图

1.2.2.2 共析钢

共析钢是指含碳量（质量分数）为0.77%的铁碳合金。共析钢的显微组织全部由珠光体组成，在平衡条件下，珠光体是铁素体和渗碳体的片状机械混合物，经4%硝酸酒精溶液浸蚀后，其铁素体和渗碳体均为亮白色；在较高放大倍数时（600倍以上），能看到珠光体中片层相间的宽条铁素体和细条渗碳体，且两者相邻的边界黑色弯曲的细条。由于珠光体中铁素体与渗碳体的相对量相差较大，按照杠杆定律可计算出两者相对量的比约为8∶1，从而形成了铁素体片比渗碳体片宽得多的特征。在中等放大倍数下（400倍左右），因显微镜的分辨能力不够，珠光体中的渗碳体两侧边界合成一条黑线，如图1-4所示。在

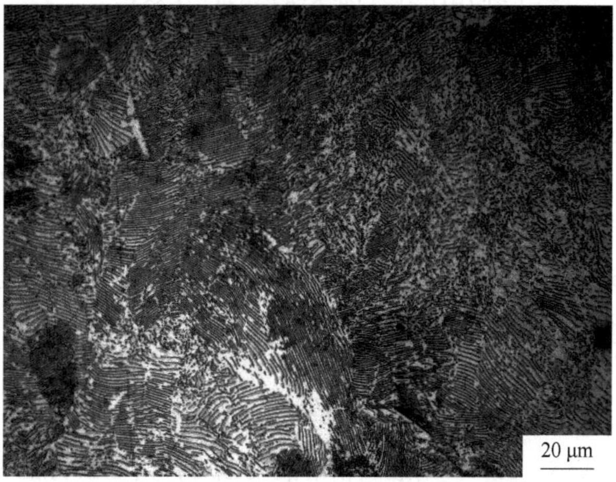

图1-4 共析钢显微组织图

放大倍数更低的情况下（200 倍左右），铁素体与渗碳体的片层都不能分辨，此时珠光体呈暗黑色模糊状。

1.2.2.3 亚共析钢

亚共析钢是指含碳量（质量分数）为 0.0218%～0.77% 的铁碳合金。亚共析钢的显微组织由先共析铁素体（呈亮白色块状）与珠光体（呈暗黑色）组成，如图 1-5（a）所示；随着含碳量的增加，组织中铁素体量逐渐减少，而珠光体量不断增加；当含碳量大于 0.60% 时，铁素体由块状变成网状分布在珠光体周围，如图 1-5（b）所示。

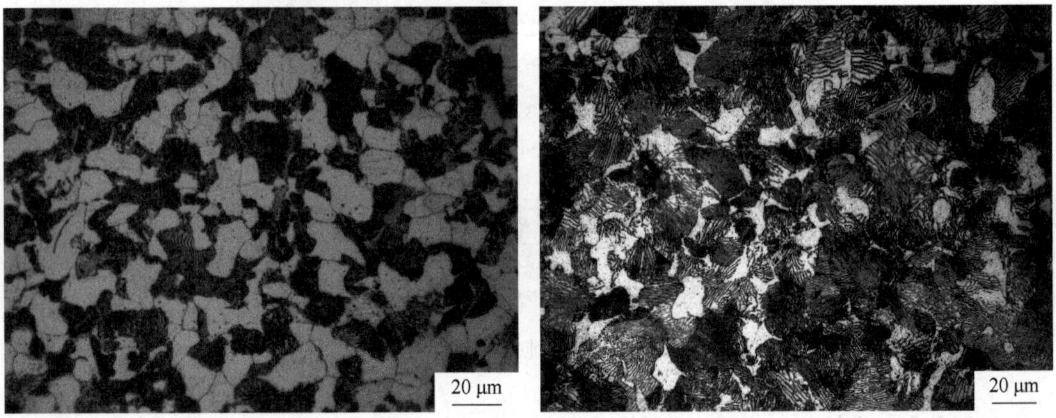

图 1-5 亚共析钢显微组织图

（a）45 钢；（b）60 钢

根据亚共析钢的平衡组织还可用式（1-1）估算钢的含碳量：

$$w(\mathrm{C}) = X \times 0.77\% \quad (1\text{-}1)$$

式中 $w(\mathrm{C})$——钢的含碳量；

X——显微组织中珠光体所占视域面积的百分数；

0.77%——珠光体含碳量（质量分数）。

1.2.2.4 过共析钢

过共析钢是指含碳量（质量分数）为 0.77%%～2.11% 的铁碳合金。过共析钢的显微组织由珠光体和二次渗碳体组成。随着含碳量的增加，二次渗碳体量逐渐增多。经 4% 硝酸酒精溶液浸蚀后，二次渗碳体呈亮白色网分布在珠光体的周围，如图 1-6 所示。若经苦味酸钠溶液煮沸浸蚀后，二次渗碳体网呈黑褐色，而铁素体仍呈亮白色。在显微分析中，常用此法来区别铁素体网和渗碳体网。

1.2.2.5 共晶白口铸铁

共晶白口铸铁是指含碳量（质量分数）在 4.3% 的铁碳合金。共晶白口铸铁在室温下的显微组织为变态莱氏体。经 4% 硝酸酒精溶液浸蚀后，其显微特征为暗黑色粒状或条状珠光体，分布在亮白色渗碳体的基体上，如图 1-7 所示。

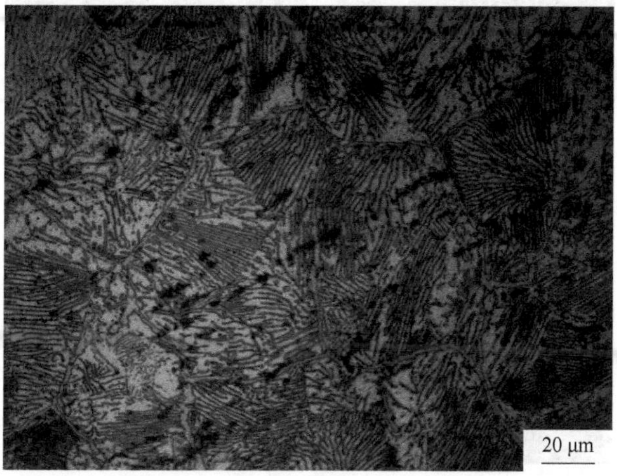

图 1-6 过共析钢显微组织图

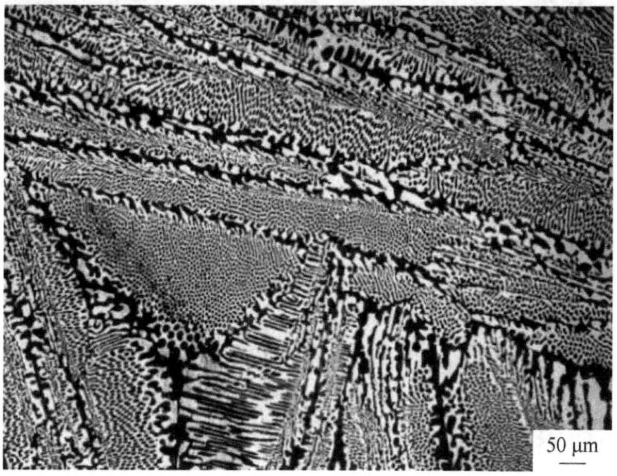

图 1-7 共晶白口铸铁显微组织图

1.2.2.6 亚共晶白口铸铁

亚共晶白口铸铁是指含碳量（质量分数）为 2.11%～4.3% 的铁碳合金。亚共晶白口铸铁的室温组织由珠光体、二次渗碳体和变态莱氏体所组成。经 4% 硝酸酒精溶液浸蚀后，其显微特征为暗黑色的树枝状珠光体（保留着初生奥氏体的树枝晶形态），被一圈白色的二次渗碳体所包围，在其周围分布着变态莱氏体，如图 1-8 所示。

1.2.2.7 过共晶白口铸铁

过共晶白口铸铁是指含碳量（质量分数）大于 4.3% 的铁碳合金。过共晶白口铸铁的室温组织是白色长条状的一次渗碳体，分布在变态莱氏体基体上，如图 1-9 所示。

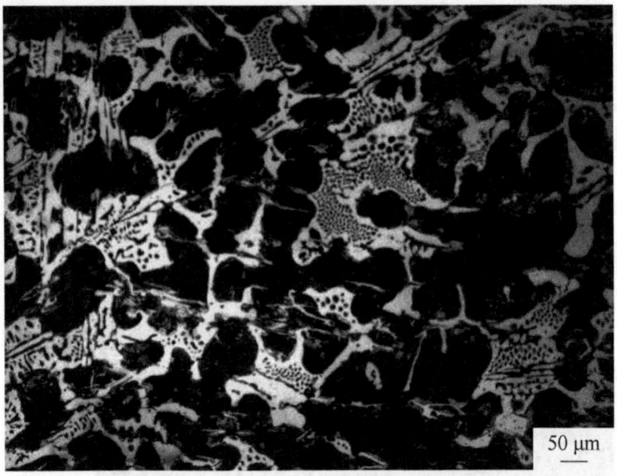

图 1-8　亚共晶白口铸铁显微组织图

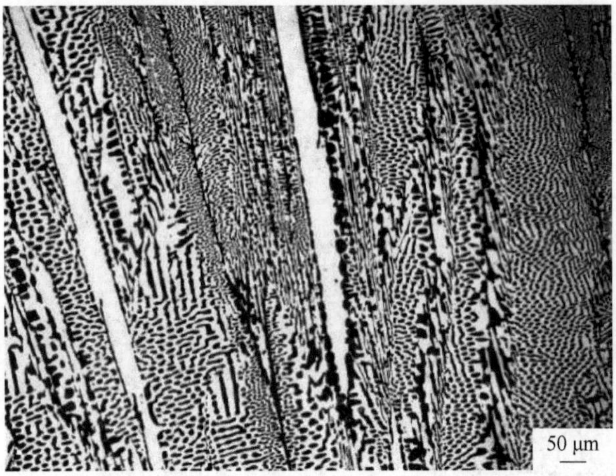

图 1-9　过共晶白口铸铁显微组织图

1.2.3　实验设备及材料

（1）实验设备。

普通光学金相显微镜。

（2）实验材料。

铁碳合金典型金相试样见表 1-1。

表 1-1　不同含碳量的铁碳合金

名　称	含碳量（质量分数）/%	热处理工艺	显微组织	浸蚀剂
工业纯铁	<0.0218	退火	F + 少量 Fe_3C_{III}	4% 硝酸酒精溶液
亚共析钢	0.45	退火	F + P	4% 硝酸酒精溶液

续表 1-1

名　称	含碳量（质量分数）/%	热处理工艺	显微组织	浸蚀剂
共析钢	0.77	退火	P	4%硝酸酒精溶液
过共析钢	1.2	退火	$P+Fe_3C_{II}$	4%硝酸酒精溶液
亚共晶白口铸铁	<4.3	铸态	$P+Fe_3C_{II}+Ld'$	4%硝酸酒精溶液
共晶白口铸铁	4.3	铸态	Ld'	4%硝酸酒精溶液
过共晶白口铸铁	>4.3	铸态	$Ld'+Fe_3C_I$	4%硝酸酒精溶液
亚共析钢	估算	退火	F+P	4%硝酸酒精溶液

1.2.4 实验内容与方法

（1）在显微镜下观察表 1-1 中铁碳合金的显微组织。

（2）通过组织观察，估算未知亚共析钢的含碳量。

1.2.5 实验要求

（1）学生进入实验室前必须做好实验预习，认真阅读实验指导书；明确实验目的、任务、有关原理、操作的主要步骤、注意事项。

（2）实验过程中必须严格遵守操作规程及注意事项；自觉遵守实验室各项规章制度。

（3）实验报告中要求有实验名称、实验目的、实验设备及实验内容。

（4）画出表 1-1 中各成分的显微组织图。

（5）估算出未知成分的亚共析钢的含碳量。

1.2.6 课程思政驿站　新中国成立 70 年炼钢的进步与发展历程

铁是支撑现代社会的骨架，可以说，没有铁就没有现代文明。1949 年新中国成立至今，已走过了 70 多年的历程。在此期间，我国钢铁工业在战争的废墟上艰苦创业，取得了令人瞩目的辉煌成就。

从 1949 年新中国成立到改革开放的近 30 年时间里，我国一直把发展钢铁工业作为实现工业化的中心环节。毛泽东主席的一个重要强国梦就是要建设强大的钢铁工业，1959 年 12 月，毛主席在读书批语中这样写："中国现在还处在被人看不起的地位，这是有理由的，因为我们还不行。这么大的国家，只有这么一点钢，人民生活水平这么低，有这么多文盲。人家看不起我们，对我们有好处，逼着我们努力，逼着我们进步。"

经过近 30 年的努力，我国基本形成比较完整的钢铁工业体系，为改革开放后钢铁工业的快速发展奠定了基础。1949 年，新中国成立时，我国只有 15.8 万吨钢，占世界钢产量的 0.1%；1978 年，改革开放时，粗钢产量只有 3178 万吨，占当年世界粗钢产量的 4.4%；1986 年，突破 5000 万吨，1996 年，粗钢年产量突破 1 亿吨，成为世界最大的产钢国和消费国；2003 年突破 2 亿吨，以后大约每两年增加 1 亿吨；2018 年，粗钢产量达到 9.28 亿吨，占当年世界粗钢产量的 50% 以上；宝武钢铁 2020 年钢产量突破 1 亿吨，终于在规模上超越多年来的榜首安赛乐米塔尔，问鼎全球钢企第一；2021 年，《财富》世界 500 强榜单中，宝武由 2020 年的 111 位跃升至 72 位，首次进入全球百强之列。

钢铁就像粮食一样，为支撑国民经济快速发展做出了巨大贡献。必须看到，我国成为制造业大国，钢铁工业功不可没，对国防工业、石油工业、造船工业、基础建设、装备制造业等都起到了很大的支撑与推动作用。我国炼钢科技进步取得举世瞩目的成就，科技成果不断涌现，在很大程度上解决了一些制约炼钢发展的技术瓶颈。我国炼钢技术装备国产化、现代化取得重大进展，品种质量得到优化、提升，整体水平明显提高，节能环保迈出了大步伐，使炼钢整体水平迈上了新台阶。鞍钢、包钢等大型老企业的现代化新区陆续建成并投产，一批沿海现代化钢铁基地也正在崛起。

（资料来源：网络）

1.3　金属的塑性变形与再结晶

1.3.1　实验目的

（1）观察显微镜下滑移线、变形孪晶与退火孪晶的特征；

（2）了解金属经冷加工变形后显微组织及力学性能的变化；

（3）讨论冷加工变形度对再结晶后晶粒大小的影响；

（4）培养学生通过微观组织分析材料性能的能力，培养学生的科研兴趣。

1.3.2　金属塑性变形概述

金属在外力作用下将产生变形，其变形过程包括弹性变形和塑性变形两个阶段。弹性变形是在外力去除后能够恢复原状的变形，所以不能用于成形加工；只有塑性变形这种永久性的变形，才能用于成形加工。金属材料通过冶炼、铸造，获得铸锭后，可通过塑性加工的方法获得具有一定形状、尺寸和力学性能的型材、板材、管材或线材及零件。

塑性加工包括锻造、轧制、挤压、拉拔、冲压等方法，金属在承受塑性加工时，产生塑性变形，这对金属的组织结构和性能会产生重要的影响。金属经冷加工变形后，其组织和性能均发生变化：原来的等轴晶组织，随着塑性变形量的增大，其晶粒沿变形方向逐渐伸长，变形度越大则伸长也越显著；当变形度很大时，其组织呈纤维状。随着组织的变化，金属的性能也发生改变：强度硬度增高，塑性则逐渐下降，即产生了“加工硬化”。

为了提高金属的塑性以便继续加工，经冷变形后的金属一般要进行退火，使金属的硬度、强度下降而塑性、韧性提高。塑性变形后的金属，由于晶粒破碎、晶格歪曲、位错密度、空位和间隙原子等缺陷的增加，使其内能增加，金属处于不稳定状态，有力求恢复到稳定状态的趋势。加热能促进这一过程的进行，可分为回复、再结晶和晶粒长大 3 个阶段，如图 1-10 所示。

回复阶段的加热温度低于再结晶温度。显微组织几乎没有发生变化，晶粒仍是被拉长或压扁的，组织特征与加热前区别不大。此时，材料的内应力有所消除。强度、硬度缓慢下降，塑性、韧性有所提高。

再结晶阶段是加热温度达到再结晶温度后，新的无畸变的晶粒取代原先变形的晶粒，金属的性能也恢复到变形前的情况。此时，材料内应力很快下降，直到全部消除，材料的硬度、强度明显下降，塑性、韧性显著提高。再结晶温度与金属本性、杂质含量、冷变形

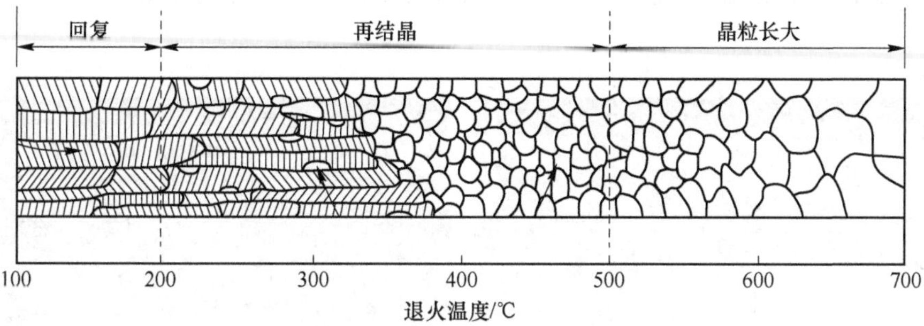

图 1-10 回复、再结晶、晶粒长大示意图

程度、保温时间、材料的原始晶粒度等有关。再结晶所产生的晶粒大小在很大程度上取决于冷变形程度的大小，在某一变形度变形，再经退火处理后晶粒异常粗大，该变形度称为临界变形度，它使材料性能恶化，是压力加工中应避免的问题。

晶粒长大阶段是加热温度明显高于再结晶温度或保温时间过长，发生晶粒长大的现象。由再结晶后的细小的等轴晶，随着加热温度的升高，晶粒越来越大，材料的强度、硬度、塑性、韧性均缓慢降低。退火加热温度越高，保温时间越长，晶粒越粗大，其影响越为明显。随着加热温度的升高，晶粒几乎呈直线长大。另外，原始晶粒越细，则晶界越多，形成核心的有利地方越多。因此，再结晶后得到的晶粒也越细，反之则越粗。

1.3.3 实验设备及材料

光学金相显微镜和 10 钢试样。

1.3.4 实验内容与方法

（1）在光学金相显微镜下观察 10 钢经冷变形后的滑移带，如图 1-11 所示。

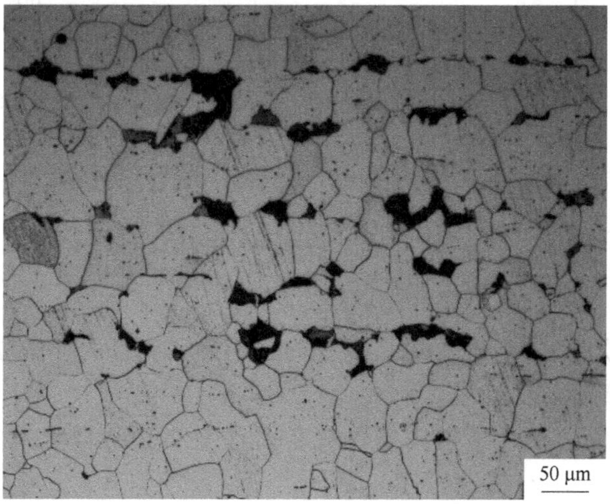

图 1-11 10 钢经冷变形后的滑移带

（2）在光学金相显微镜下观察 10 钢经不同变形量后的显微组织，如图 1-12 所示。

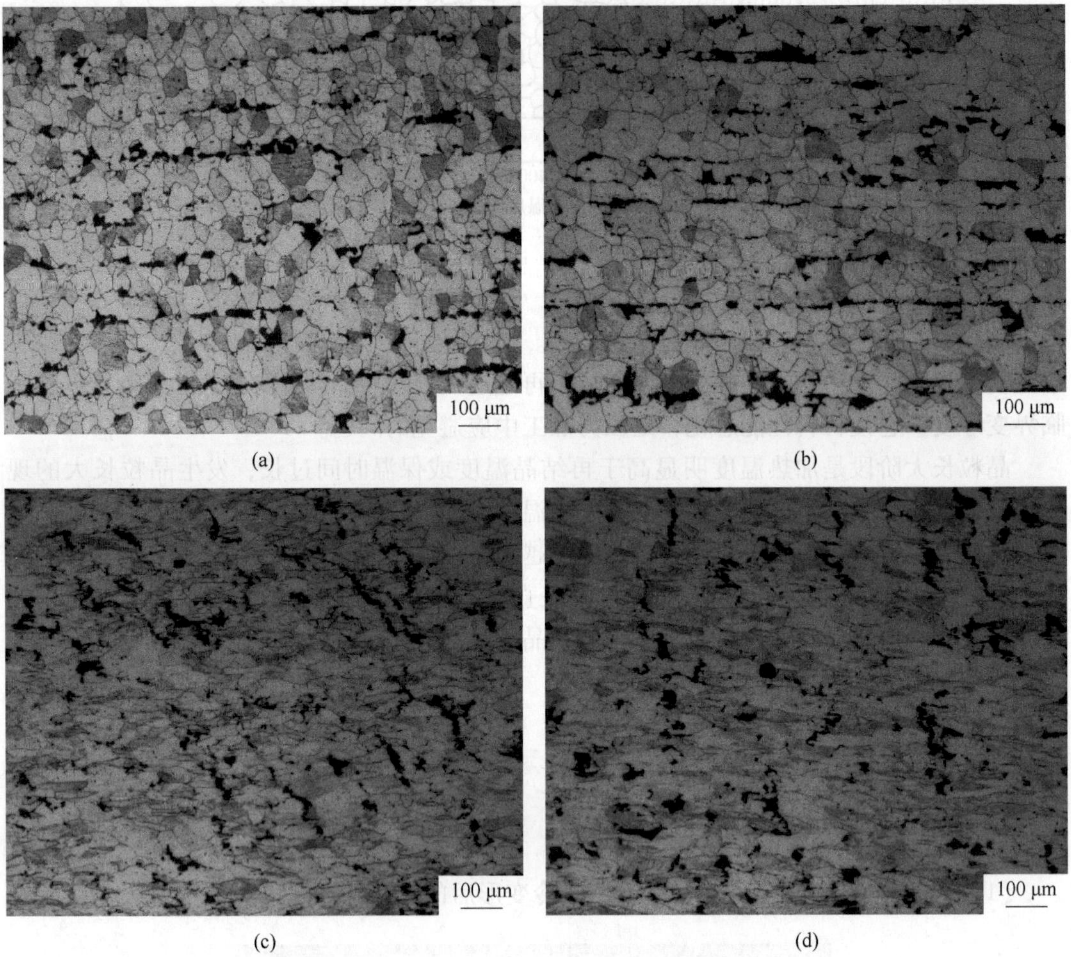

图 1-12 10 钢不同变形量下的显微组织图

（a）变形量 10%；（b）变形量 25%；（c）变形量 35%；（d）变形量 50%

（3）在光学金相显微镜下观察 10 钢经 50% 变形量后，再进行不同温度下的再结晶退火后的显微组织变化，如图 1-13 所示。

1.3.5 实验要求

（1）学生进入实验室前必须做好实验预习；明确实验目的、任务、有关原理、操作的主要步骤、注意事项。

（2）实验过程中必须严格遵守操作规程及注意事项；自觉遵守实验室各项规章制度。

（3）实验报告中要求有实验名称、实验目的、实验设备。

（4）画出 10 钢经不同变形量后的显微组织图。

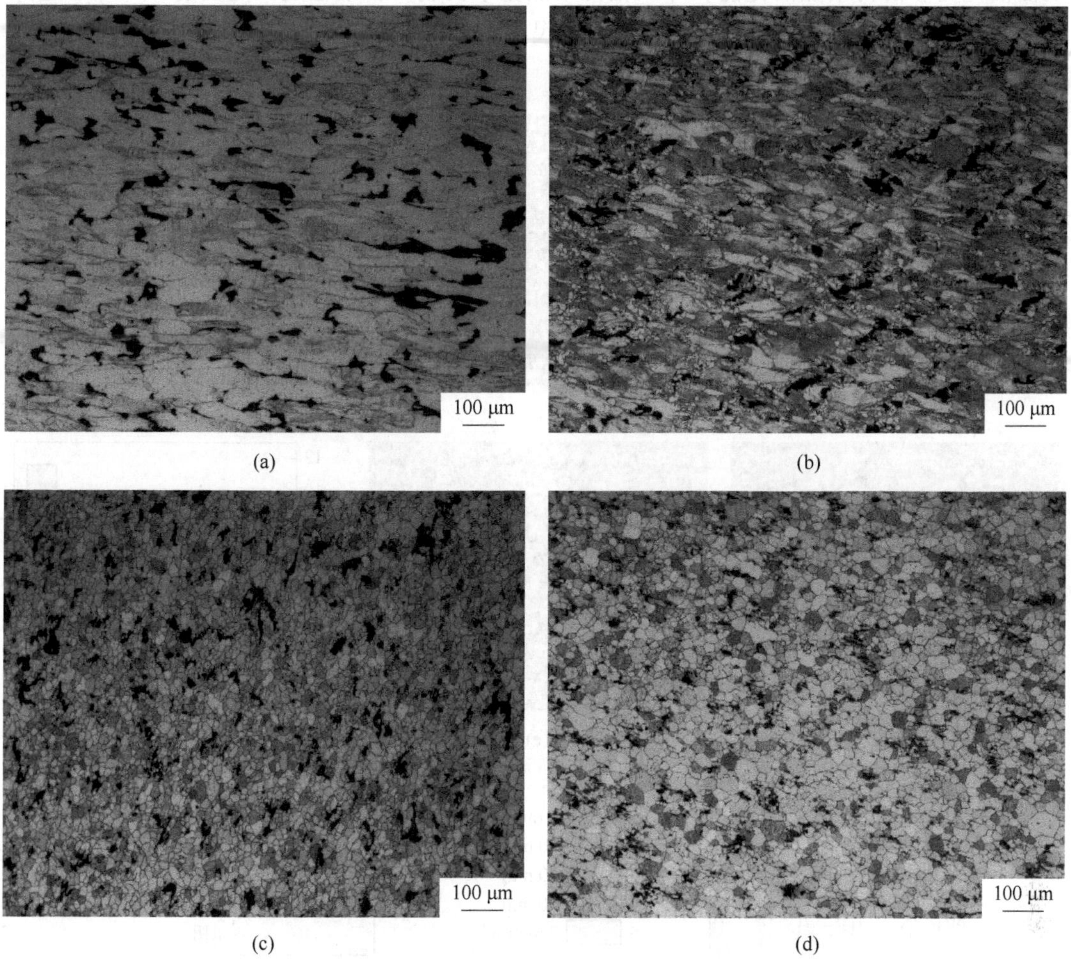

图 1-13 10 钢经 50% 变形量后不同温度退火后的显微组织图

（a）200 ℃退火；（b）500 ℃退火；（c）550 ℃退火；（d）700 ℃退火

（5）画出 10 钢经 50% 变形量后，再进行不同温度下的再结晶退火后的显微组织图。

（6）总结不同冷变形量及不同再结晶退火温度对 10 钢显微组织的影响。

1.3.6 课程思政驿站 钛合金轧制获得超细组织（科研案例）

为了降低变形抗力，亚稳 β 钛合金的轧制过程一般在 β 单相状态下进行，导致后续退火过程中出现晶粒尺寸不均匀的问题，从而影响合金性能。内蒙古工业大学杜赵新、巩天浩课题组首先在 740 ℃对铸态 Ti-15Mo-3Al-2.7Nb-0.2Si 合金进行固溶处理，得到 α + β 相，然后对其进行冷轧，轧制压下量为 60%，最后在 710 ~ 810 ℃退火 2 ~ 240 min。退火后的亚稳 β 合金的表征表明，α 相同时参与了轧制变形，并在随后的退火过程中发生再结晶现象成等轴状弥散分布在 β 晶界处，阻碍了 β 晶粒的再结晶。通过对 Ti-15Mo-3Al-2.7Nb-0.2Si 钛合金冷轧退火的研究，发现轧制变形中储存的应变能不仅是 β 晶粒再结晶的驱动力，而且还推动了 α 相的再结晶。随着退火时间的延长，α 相和 β 相的再结晶会同时发生，从而消耗更多的再结晶活化能，即双相再结晶竞争机制。在最佳退火温度为 730 ℃、退火时间为 60 min 的条件下，获得了平均晶粒尺寸小于 1 μm 的超细晶 α + β 双相组织，如图 1-14 所示。

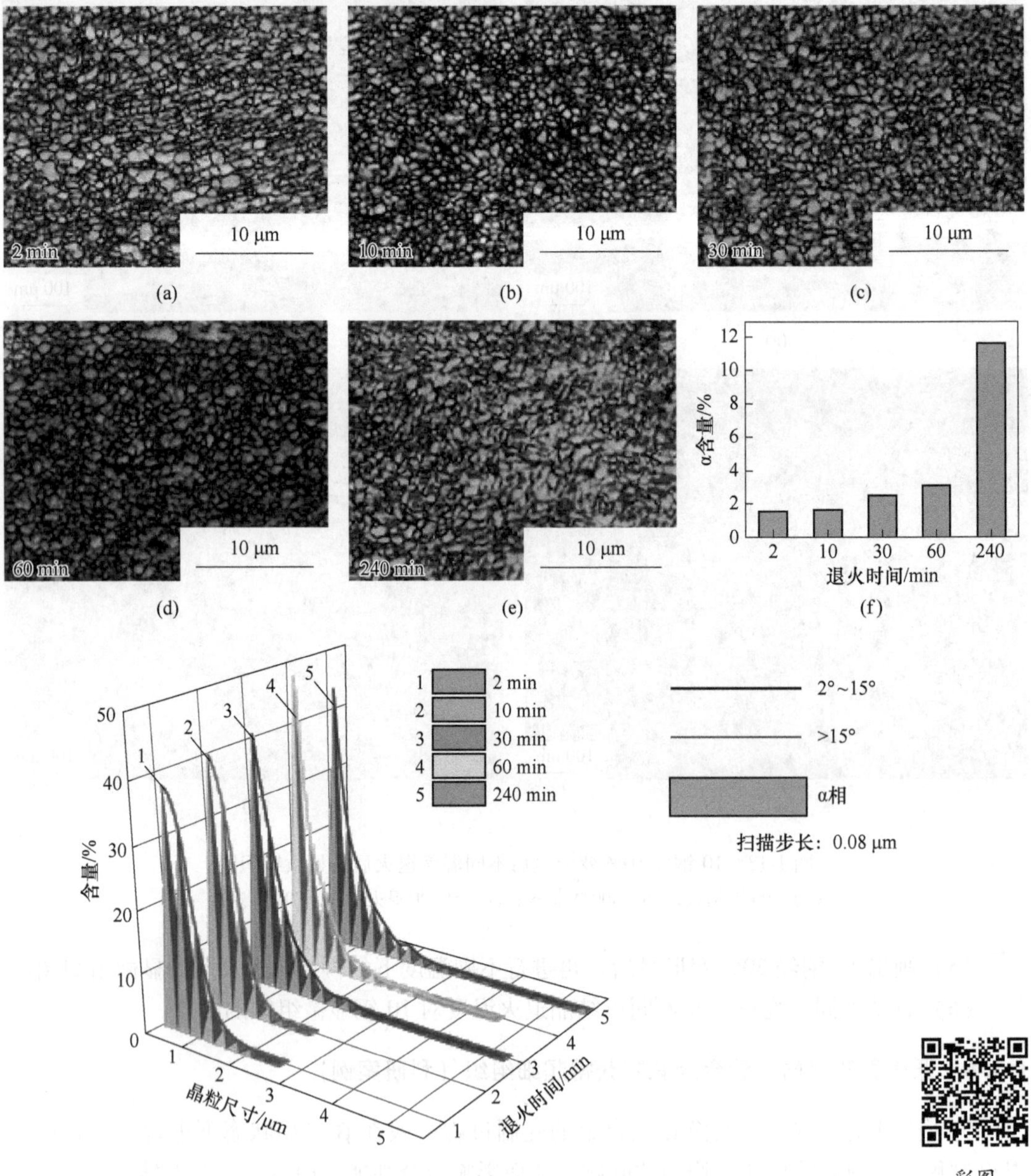

彩图

图 1-14　平均晶粒尺寸小于 1 μm 的超细晶 α + β 双相组织

(a)～(e) 730 ℃退火不同时间合金的图像质量分布图和 α 相含量分布；(f) α 体积分数统计；(g) β 的粒度分布统计

（资料来源：Xudong Kang, Zhaoxin Du*, Zhen Wang, et al. Efficient Access to Ultrafine Crystalline Metastable-β Titanium Alloy via Dual-phase Recrystallization Competition [J]. Journal of Materials Research and Technology-JMR&T, 2024, 29: 335-343）

1.4 碳钢、合金钢、铸铁、有色金属典型组织观察

1.4.1 实验目的

（1）观察和研究各种不同类型合金材料的显微组织；

（2）了解这些合金材料的成分、显微组织对性能的影响；

（3）学会对比分析材料的微观组织，通过金相组织判断材料的工艺及性能；

（4）通过了解金属材料发展历程，激发学生的学习兴趣。

1.4.2 碳钢、合金钢、铸铁、有色金属概述

1.4.2.1 碳钢的显微组织

铁碳合金缓冷后的金相显微组织基本上与铁碳相图所预料的各种平衡组织相符合，但碳钢在不平衡状态，即在快冷条件下的显微组织就不能用铁碳合金相图来分析，而应由过冷奥氏体等温转变曲线图——C 曲线来确定。图 1-15 为共析钢等温转变 C 曲线图。

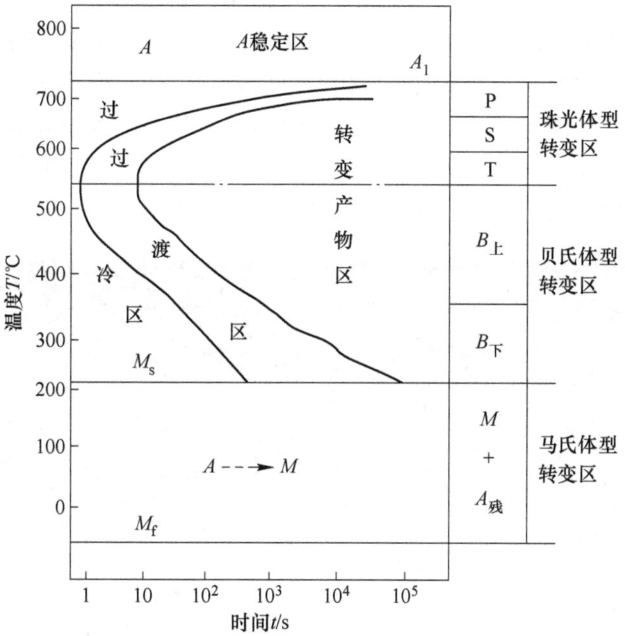

图 1-15 共析钢的 C 曲线图

当温度在 A_1 以上时奥氏体是稳定的。当温度降到 A_1 以下后，奥氏体即处于过冷状态，这种奥氏体称为过冷奥氏体。过冷奥氏体是不稳定的，会转变为其他的组织。钢在冷却时的转变，实质上是过冷奥氏体的转变。按照不同的冷却条件，过冷奥氏体在不同的温度范围发生不同类型的转变。通过金相显微镜观察，可以看出过冷奥氏体各种转变产物的组织形态各不相同。共析钢过冷奥氏体在不同温度转变的组织特征及性能，见表 1-2。

表 1-2　共析钢过冷奥氏体在不同温度转变的组织特征及性能

转变类型	组织名称	形成温度范围/℃	金相纤维组织特征	硬度（HRC）
珠光体型相变	珠光体（P）	>650	在 400~500 倍金相显微镜下可观察到铁素体和渗碳体的片层状组织	约 20（HB 180~200）
	索氏体（S）	600~650	在 800~1000 倍以上的显微镜才能分清片层状特征，在低倍镜下片层模糊不清	25~35
	屈氏体（T）	550~600	用光学显微镜观察时呈黑色团状组织，在电子显微镜（5000~15000 倍）下为片层组织	35~40
贝氏体型相变	上贝氏体（$B_上$）	350~550	金相显微镜下呈暗灰色的羽毛状特征	40~48
	下贝氏体（$B_下$）	230~350	在金相显微镜下呈黑色针叶状特征	48~58
马氏体型相变	马氏体（M）	<230	在正常淬火温度下呈细针状马氏体（隐晶马氏体），过热淬火时呈粗大片状马氏体	62~65

A　钢的退火和正火组织

亚共析成分的碳钢（如 40 钢、45 钢等）一般采用完全退火，退火后可得到近似平衡状态的组织。过共析成分的碳素工具钢（如 T10 钢、T12 钢等）则都采用球化退火，球化退火后获得粒状珠光体组织。T12 钢经球化退火后组织中的二次渗碳体及珠光体中的渗碳体都将变成颗粒状，如图 1-16（a）所示。图中均匀而分散的细小粒状组织就是粒状渗碳体。因为正火的冷却速度大于退火的冷却速度，所以 45 钢正火后的组织比退火的细，珠光体的相对含量也比退火组织中的多，如图 1-16（b）所示。

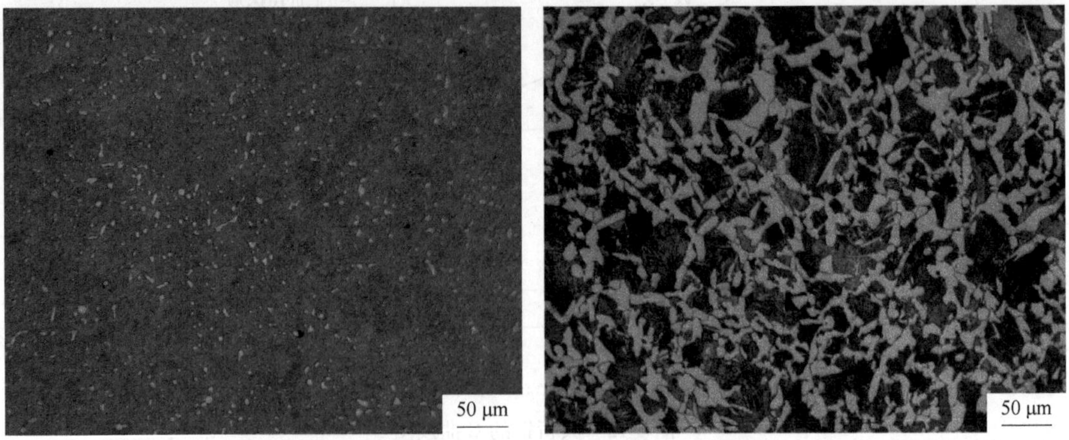

(a)　　(b)

图 1-16　钢的退火和正火组织

（a）T12 钢球化退火后的显微组织；（b）45 钢正火后的显微组织

B　钢的淬火组织

根据 $Fe-Fe_3C$ 相图可知，将 45 钢加热到 760 ℃奥氏体化，然后在水中冷却，称为不完全淬火（欠热淬火）。在这个温度加热，有部分铁素体尚未溶入奥氏体中，所以淬火后将得到马氏体和铁素体组织。在金相显微镜中观察到的是呈暗色针状马氏体基底上分布有白色块状铁素体，如图 1-17（a）所示。典型的亚共析钢 45 钢，正常加热淬火后将获得细针状马氏体和残余奥氏体，如图 1-17（b）所示。若将淬火温度提高到 1000 ℃（过热淬火），由于奥氏体晶粒的粗化，经淬火后将得到粗大针状马氏体组织，如图 1-17（c）所示。若 45 钢加热到正常淬火温度，然后在油中冷却，则由于冷却速度不足，得到的组织将是马氏体和部分屈氏体（或混有少量贝氏体）。图 1-17（d）为 45 钢加热到 840 ℃后油冷的显微组织，浅灰色部分为马氏体和少量残余奥氏体，屈氏体呈黑色块状分布于晶界处。

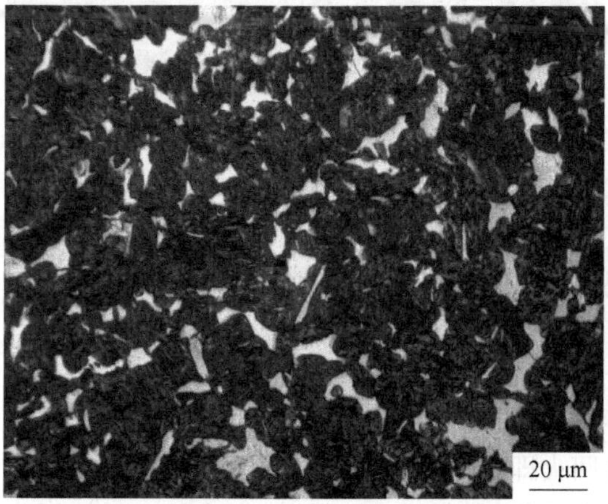

(a)

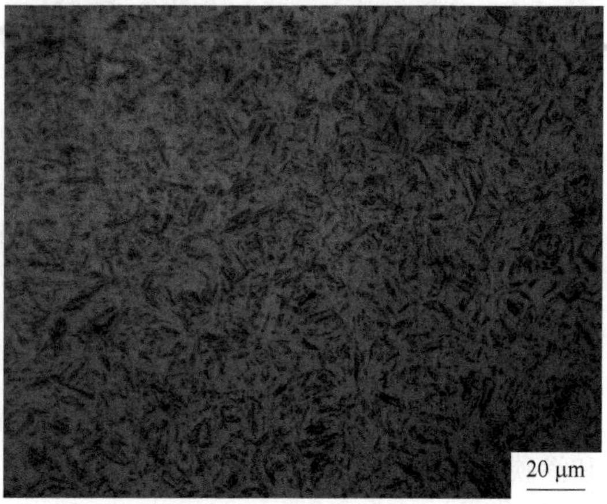

(b)

(c)

(d)

图 1-17 45 钢淬火后的组织

（a）45 钢 760 ℃不完全淬火后组织；（b）45 钢正常淬火后组织；（c）45 钢 1000 ℃过热淬火后组织；（d）45 钢 840 ℃油中淬火后组织

典型的过共析钢 T12 钢，在 780 ℃正常温度淬火后的显微组织如图 1-18（a）所示，除了细小的马氏体外尚有部分未溶入奥氏体中的渗碳体（呈亮白色颗粒）。当 T12 钢在较高温度（1000 ℃）淬火时，显微组织出现粗大的马氏体，并且还有一定数量的残余奥氏体（呈亮白色）存在于马氏体针之间，如图 1-18（b）所示。

图 1-18　T12 钢淬火后的组织
（a）T12 钢 780 ℃正常淬火后组织；（b）T12 钢 1000 ℃过热淬火后组织

C　淬火后的回火组织

钢经淬火后所得到的马氏体和残余奥氏体均为不稳定组织，它们具有向稳定的铁素体和渗碳体的两相混合物组织转变的倾向。通过回火即将钢加热，提高原子活动能力，可促进这个转变过程的进行。淬火钢经不同温度回火后所得到的组织不同，通常按组织特征分为以下三种。

a　回火马氏体

淬火钢经低温回火（150 ~ 250 ℃），马氏体内的过饱和碳原子脱溶沉淀，析出与母相保持着共格联系的 ε 碳化物，这种组织称为回火马氏体。回火马氏体仍保持针片状特征，但容易受浸蚀，故颜色要比淬火马氏体深些，是暗黑色的针状组织，如图 1-19 所示。

图 1-19　45 钢 860 ℃淬火 200 ℃回火后的显微组织（500 ×）

b　回火屈氏体

淬火钢经中温回火（350～500 ℃），得到在铁素体基体中弥散分布着微小粒状渗碳体的组织，称为回火屈氏体。回火屈氏体中的铁素体仍然基本保持原来针状马氏体的形态，渗碳体则呈细小的颗粒状，在光学显微镜下不易分辨清楚，故呈暗黑色，如图 1-20 所示。用电子显微镜可以看到这些渗碳体质点，并可以看出回火屈氏体仍保持有针状马氏体的位向。

图 1-20　45 钢 860 ℃淬火 400 ℃回火后的显微组织（500×）

c　回火索氏体

淬火钢高温回火（500～650 ℃）得到的组织称为回火索氏体，其特征是已经聚集长大了的渗碳体颗粒均匀分布在铁素体基体上，如图 1-21 所示。用电子显微镜可以看出回火索氏体中的铁素体已不呈针状形态而成等轴状。

图 1-21　45 钢 860 ℃淬火 600 ℃回火后的显微组织（500×）

1.4.2.2 合金钢的显微组织

合金钢按合金元素含量（质量分数）的不同，可分为三种：合金元素总量<5%的称为低合金钢；合金元素为5%~10%的称为中合金钢；合金元素>10%的称为高合金钢。一般合金结构钢、合金工具钢都是低合金钢。由于合金元素的加入，使铁碳相图发生一些变化，但其平衡状态的显微组织与碳钢没有本质的区别。低合金钢热处理后的显微组织与碳钢没有根本不同，差别只在于合金元素加入后，使C曲线右移（除Co以外），即使以较低的冷却速度也可以获得马氏体组织。例如，40Cr钢经调质处理后的显微组织和40钢调质后的显微组织基本相同，都为回火索氏体。GCr15钢840 ℃油淬、低温回火后的显微组织，与T12钢780 ℃水淬、低温回火后的显微组织也一样，皆为回火马氏体和碳化物。

合金钢种类繁多，本实验只选择高速钢进行观察和分析。高速钢是一种常用的高合金工具钢，1898年开始有含W的钢，1910年生产了如今还在广泛使用的W18Cr4V（简称18-4-1）。近几十年来，高速钢的产量、品种和质量都有了很大的发展。高速工具钢适用于高速切削刃具，由于合金度高，可保证刃部在650 ℃时实际硬度仍高于HRC50，从而具有优良的切削性和耐性。高速钢是高合金钢，主要含有C、W、Mo、Cr、V、Co、Al等元素。因为它含有大量合金元素，使铁碳相图中的E点大大左移，虽然只含（质量分数）有0.7%~0.8%的碳，仍可获得莱氏体组织，所以又称为莱氏体钢。

A 高速钢铸态组织

高速钢在实际铸锭凝固时的冷却速度大于平衡冷却，合金元素来不及充分扩散，在结晶和固态相变过程中的转变不能完全进行。如包晶反应不能进行完毕，仍有部分高温铁体δ相被保留下来，在继续冷却时发生共析分解$\delta \rightarrow \gamma + M_6C$，随后γ相再发生共析反应。这种转变产物容易被腐蚀，金相形态呈黑色，称为“黑色组织”（δ共析体）。γ相的共析反应也可能被抑制而过冷到低温，转变为马氏体M和残留奥氏体A_R，形成所谓的“白亮组织”。高速钢在铸造状态下与亚共晶白口铸铁的组织相似。在一般铸造条件下，存在以鱼骨状合金碳化物为特征的共晶莱氏体组织（Ld）。图1-22（a）为W18Cr4V钢的铸态组织。在金相显微镜下观察时，除共晶莱氏体外还有部分呈暗黑色的δ共析体组织和少量马氏体（呈亮白色部分）。高速钢在铸态下的组织存在严重的成分和组织不均匀性，从而影响其性能，为此随后必须经过锻造和轧制，破碎莱氏体网络，促使其碳化物均匀分布。

B 高速钢锻造退火组织

高速钢铸态组织极不均匀，特别是共晶组织中粗大碳化物的存在，使钢的性能显著降低，因此，高速钢铸造后必须经过锻造，退火，以改善碳化物的分布状况。锻造时要控制终锻温度，温度太低容易导致锻造时就开裂，温度太高，会产生晶粒粗大，形成所谓的萘状断口。采用合适的锻压比，一般为7~11，反复拉拔和锻粗；锻造时先轻捶快打，后重锤锻打；锻后要缓慢冷却，锻后进行退火。高速钢的A_{c1}为820~840 ℃，退火温度选择略高于A_{c1}。普通退火工艺为860~880 ℃，保温2~3 h，此时大部分合金碳化物未溶入奥氏体，奥氏体稳定性较小，冷却时易转变成粒状珠光体。为了缩短退火时间，也可采用等温退火。图1-22（b）所示为W18Cr4V钢经锻造及退火后的显微组织，其中粗大的亮色晶粒为初生共晶碳化物，较细小的为次生碳化物以及索氏体基体中的极细共晶碳化物，退火后的硬度为HB 207~255。

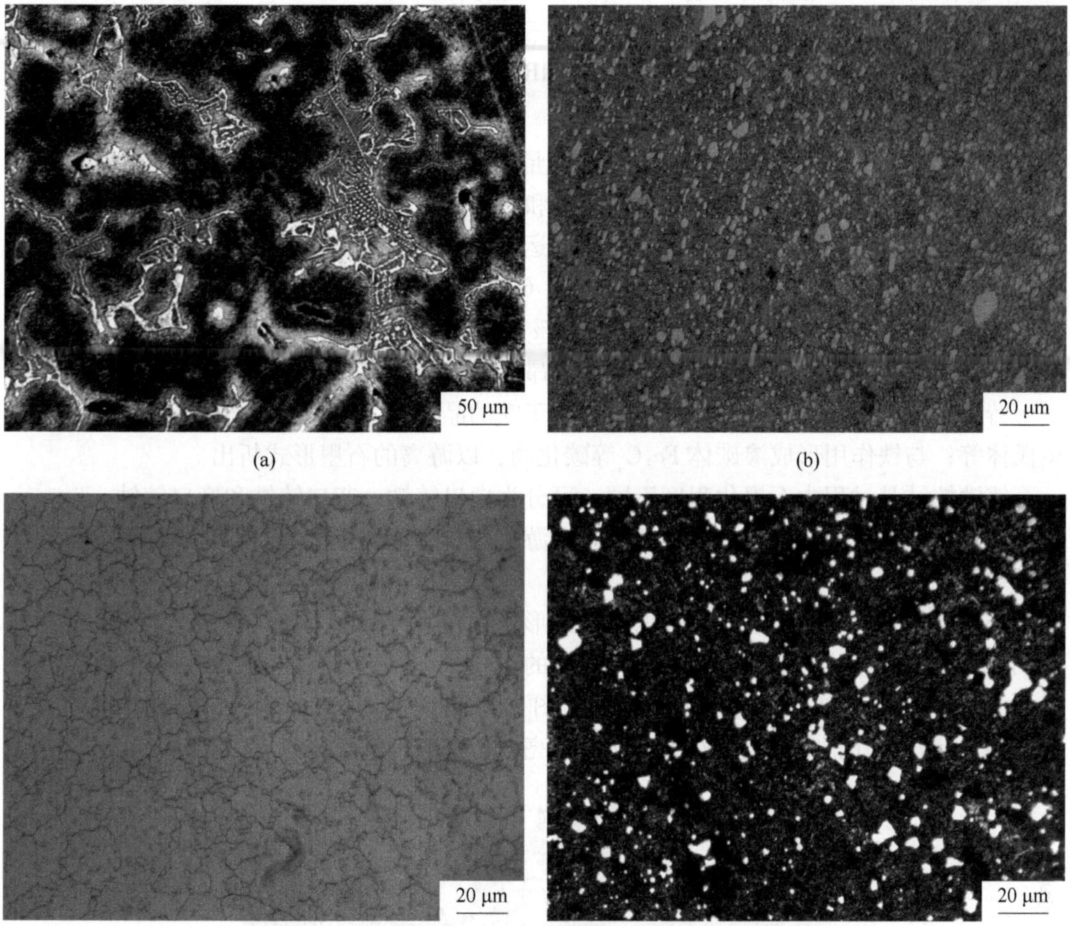

图 1-22 W18Cr4V 的显微组织

（a）铸造状态；（b）锻造退火；（c）淬火；（d）淬火及三次回火

C 高速钢淬火组织

高速钢淬火的目的是获得高合金度的奥氏体，淬火后得到高合金马氏体，具有高的回火稳定性，在高温回火时弥散析出合金碳化物而产生二次硬化，使钢具有高硬度和热硬性。高速钢淬火加热温度一般为 1260 ~ 1280 ℃，高温加热使较多的碳化物溶解于奥氏体中，淬火后马氏体中合金元素含量高，回火后钢的红硬性高且耐磨性好。淬火采用油冷或空冷，其显微组织为马氏体 + 未溶碳化物 + 残余奥氏体（尚有 20% ~ 30%）。马氏体呈隐针状，其针形很难显示出来，但可看出明显的奥氏体晶界及分布于晶粒内的未溶碳化物，淬火后的硬度为 HRC 61 ~ 62，如图 1-22（c）所示。

D 高速钢三次回火组织

淬火后的残余奥氏体合金度高，稳定性大，在回火加热过程中不分解。在 500 ~ 600 ℃间保温时也仅从中析出合金碳化物，使残余奥氏体合金度有所降低，因而奥氏体的 M_s 点升高，在冷却到室温时，部分残余奥氏体发生马氏体转变，残余奥氏体体积分数由 20% ~

25%减少到约10%。但还需要进一步降低，并且要消除新产生马氏体引起的内应力，所以高速钢一般需要在560 ℃左右三次回火。三次回火后其组织为回火马氏体，碳化物和少量残余奥氏体（2%~3%）。回火后硬度为HRC 63~65，如图1-22（d）所示。

1.4.2.3 铸铁的显微组织

从铁碳相图可知，一般情况下，将含碳量大于*E*点（C的质量分数为2.11%）的铁碳合金称为铸铁。铸铁具有优良的工艺性能和使用性能，生产工艺简单，成本低廉，因此在机械制造、冶金、矿山、石油化工、交通运输、建筑和国防等部门中广泛应用。例如：按重量计算，在机床和重型机械中铸铁件占60%~90%，在农业机械中铸铁件占40%~60%，在汽车、拖拉机中铸铁件占50%~70%。随着铸造技术的进步和新材料的开发，各种高性能铸铁和特殊性能铸铁还可代替部分昂贵的合金钢和有色金属材料。

铸铁中的碳主要有三种存在形式：固溶于铁的晶格中，形成间隙固溶体，如铁素体和奥氏体等；与铁作用形成渗碳体Fe_3C等碳化物；以游离的石墨形式析出。

铸铁按结晶过程中石墨化程度不同，可分为白口铸铁、灰口铸铁和麻口铸铁。

白口铸铁的组织具有莱氏体特征而没有游离的石墨，即全部碳以碳化物的形式存在于铸铁中。

灰口铸铁中的碳全部或大部分以石墨的形式存在于铸铁中。灰口铸铁的组织特征是在钢的基体上分布着片状石墨。根据基体组织的不同，灰口铸铁可分为铁素体灰口铸铁、铁素体-珠光体灰口铸铁、珠光体灰口铸铁。图1-23为铁素体-珠光体灰口铸铁，其中除黑灰色条片状石墨外，暗黑色基底为珠光体，亮白色部分为铁素体。

图1-23 铁素体-珠光体灰口铸铁的显微组织

麻口铸铁的组织特征介于白口铸铁与灰口铸铁之间，即表面为白口铸铁，中心为灰口铸铁。

白口铸铁和麻口铸铁由于存在莱氏体组织，因而有较大的脆性，在工业上很少应用。

根据铸铁中石墨的形态、大小和分布情况不同，铸铁分为灰口铸铁、可锻铸铁、球墨铸铁和蠕墨铸铁。

可锻铸铁又称为展性铸铁，它是由白口铸铁经石墨化退火处理而获得的，其渗碳体发生分解而形成团絮状石墨。按其组织不同，可锻铸铁分为铁素体可锻铸铁和珠光体可锻铸铁两类。图 1-24 为铁素体基体可锻铸铁的显微组织，其中石墨呈暗灰色团絮状，亮白色晶粒为基体。

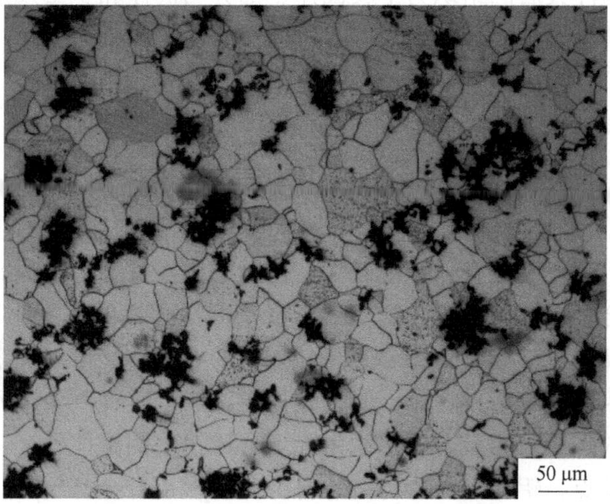

图 1-24 铁素体基体可锻铸铁的显微组织

球墨铸铁中石墨呈球状。它是用镁、钙及稀土元素球化剂进行球化处理，使石墨变为球状。由于石墨呈球状对基体的削弱作用最小，使球墨铸铁的金属基体强度利用率高达 70%~90%（灰口铸铁只有 30%左右），因而其力学性能远远优于普通灰口铸铁和可锻铸铁。图 1-25（a）为铁素体-珠光体基体球墨铸铁的显微组织，其中暗黑色基底为珠光体，分布在圆球状石墨周围的亮白色基体是铁素体。图 1-25（b）为铁素体基球墨铸铁的显微组织，白色基底为铁素体，黑色为球状石墨。

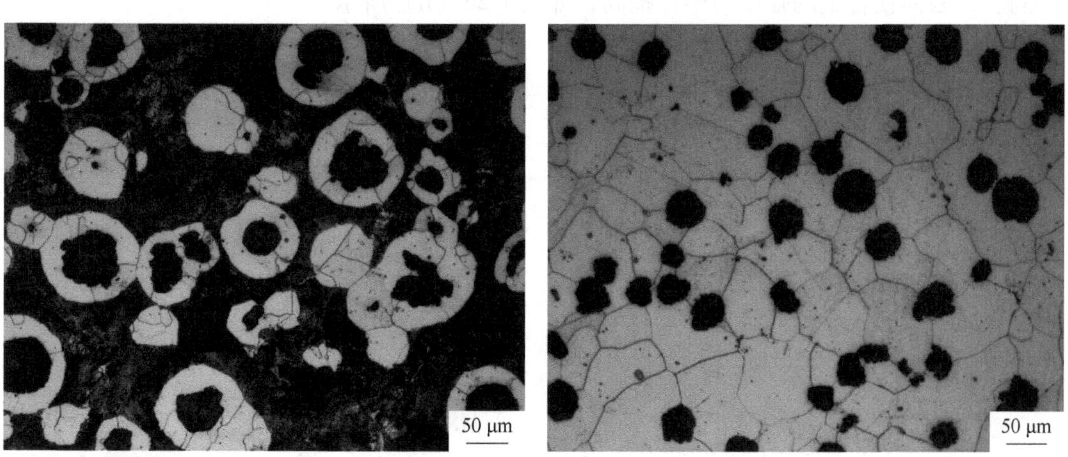

(a) (b)

图 1-25 球墨铸铁的显微组织

（a）珠光体-铁素体基体；（b）铁素体基体

综上所述，铸铁的基体既然是铁素体和珠光体所组成，很显然和钢一样可以通过热处理来改变基体组织，从而改善铸铁的力学性能，特别是球墨铸铁常常通过正火、调质和等温淬火来提高其力学性能。球墨铸铁正火的主要目的是增加基体中珠光体数量，从而提高球墨铸铁的强度和耐磨性。球铁调质处理后得到回火索氏体，从而有更高的综合力学性能。球墨铸铁经等温淬火后的组织为下贝氏体、部分马氏体和少量残余奥氏体，这种组织不仅具有较高的综合力学性能，而且具有很好的耐磨性，内应力少。

1.4.2.4 有色金属及合金

A 铝合金

铝具有一系列比其他有色金属、钢铁和塑料等更优良的特性，如密度小（仅为2.7 g/cm^3，约为铜或钢的1/3），优良的导电性、导热性、良好的耐蚀性、优良的塑性和加工性能等。但纯铝的力学性能不高，不适合作承受较大载荷的结构零件。为了提高铝的力学性能，可在纯铝中加入某些合金元素制成铝合金。铝合金仍保持纯铝的密度小和耐蚀性好的优点，且力学性能比纯铝高得多。有些铝合金经热处理后的力学性能可以和钢铁材料相比。铝合金中常加入的元素为铜、锌、镁、硅、锰以及稀土元素等，这些合金元素在固态铝中的溶解度一般都是有限的，所以铝合金的组织中除了形成铝基固溶体外，还有第二相出现。根据成分和加工工艺特点，铝合金分为铸造铝合金和变形铝合金。

a 铸造铝合金

在铸造铝合金中应用最广的是铝-硅系合金，俗称硅铝明。典型的牌号有ZL102，含硅10%~13%。由Al-Si合金相图可知，硅铝明合金成分在共晶点附近，组织为粗大的针状硅晶体和α固溶体组成的共晶体，以及少量呈多面体形的初生硅晶体，如图1-26（a）所示。这种粗大的针状硅晶体严重降低合金的塑性。

为了提高硅铝明的力学性能，通常进行变质处理，即在浇注以前向合金熔体中加入占合金重量2%~3%的变质剂（常用2/3NaF+1/3NaCl）。处理后使合金的共晶点从11.6% Si右移，得到亚共晶组织，其组织为初生α固溶体枝晶（白亮）及细小的共晶（α+Si）（黑底），因而使合金的强度与塑性提高，如图1-26（b）所示。

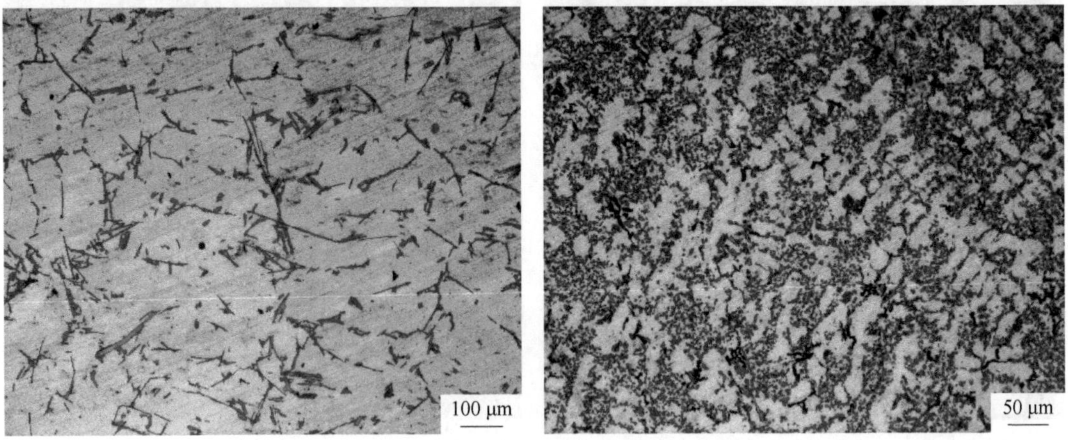

(a) (b)

图1-26 铸造铝合金（ZL102）的显微组织

（a）未变质处理；（b）已变质处理

b　变形铝合金

硬铝是 Al-Cu-Mg 系时效合金，是重要的变形铝合金，现代机械制造和飞机制造业中得到广泛应用。由于它的强度大和硬度高，故称硬铝，在国外又称杜拉铝。在合金中形成了 $CuAl_2$（θ 相）和 $CuMgAl_2$（S 相），这两个相在加热时均能溶入合金的固溶体内，并在随后的时效热处理过程中通过形成“富集区”“过渡相”而使合金强化。而以 $CuMgAl_2$（S 相）在合金化过程中的作用更大，常称为强化相。

B　铜合金

工业上广泛使用的铜合金有铜锌合金（黄铜）、铜锡合金（锡青铜）、铜铝合金（铝青铜）以及铜铍合金（铍青铜）、铜镍合金（白铜）等。这里以黄铜为例加以分析研究。

黄铜为 Cu-Zn 合金，常用的黄铜为 α 单相黄铜和 α + β 两相黄铜。

α 单相黄铜：含锌在 39% 以下的黄铜属单相 α 固溶体，典型牌号为 H70（即三七黄铜）。铸态组织为 α 固溶体呈树枝状（用氯化铁溶液腐蚀后，枝晶主轴富铜，呈亮白色，而枝晶富锌呈暗色），经变形和再结晶退火其组织为多边形晶粒，有退火孪晶，如图 1-27（a）所示。由于各个晶粒方位不同，所以具有不同的颜色。退火处理后的 α 黄铜能承受极大的塑性变形，可以进行深冲变形。

α + β 两相黄铜：含锌量为 39% ~ 45% 的黄铜为 α + β 两相黄铜，典型牌号有 H62（即四六黄铜）。在室温下 β 相较 α 相硬得多，因而可用于承受较大载荷的零件。α + β 两相黄铜可在 600 ℃以上进行热加工。图 1-27（b）为 α + β 两相黄铜铸造状态的显微组织，α 为亮白色的固溶体，β 是 CuZn 为基的有序固溶体。

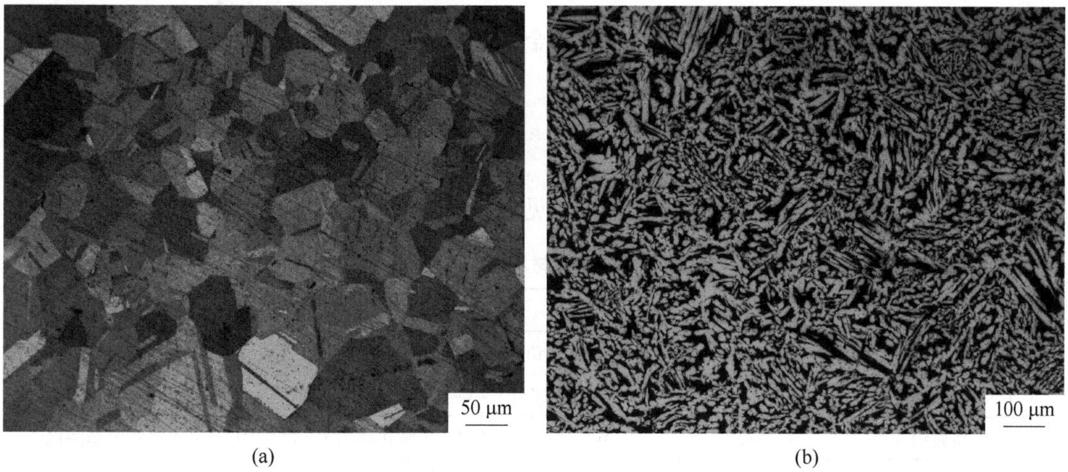

(a)　　(b)

图 1-27　黄铜显微组织

（a）α 单相黄铜（H70）的显微组织；（b）α + β 两相黄铜（H62）的显微组织

C　轴承合金

轴承合金又称巴氏合金。巴氏合金是应用较多的轴承合金，常用来制造滑动轴承的轴瓦和内衬。轴瓦材料要求同时兼有硬和软的两种性能，因此轴承合金的组织往往是软、硬两相组成的混合物。例如，在软基体上分布着硬质点，铅基或锡基轴承合金就具有这种组织特点。

锡基巴氏合金的基本元素为Sn83%、Sb11%及Cu6%，其牌号为ZChSnSb11-6，它的显微组织如图1-28所示。其中暗黑色部分为软基体α相（是Sb在Sn中形成的固溶体）；白色方块为硬质点β相（以SnSb为基的有序固溶体）；而白亮针状及星形析出物为Cu_3Sn或Cu_6Sn_5化合物（η相），作为阻碍β相上浮，减少偏析的作用。这种既硬又软的混合物，保证了轴承合金具有足够的强度与塑性的配合从而使轴承合金有良好的减磨性及抗振性。

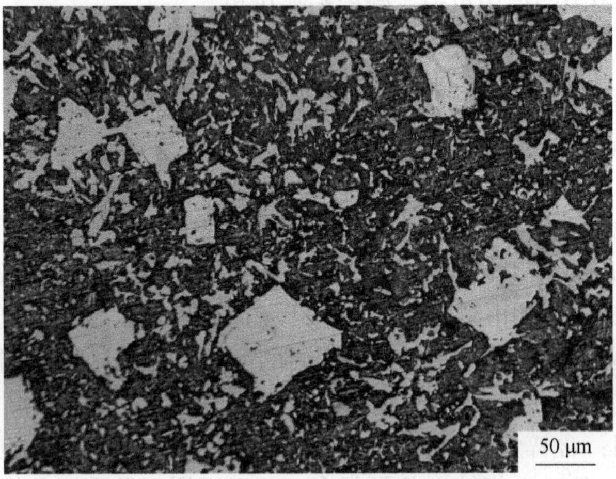

图1-28 ZChSnSb11-6轴承合金的显微组织

1.4.3 实验设备与材料

光学金相显微镜；各种经不同热处理的金相显微样品。

1.4.4 实验内容与方法

（1）实验内容。

观察、分析下列常用材料的显微组织，见表1-3。

表1-3 各类材料的显微组织

编号	名称	状 态	显微组织特征	腐 蚀 剂
1	高速钢	铸态	Ld′(鱼骨状)+δ(暗黑色)+M+A′	4%硝酸酒精溶液
2	高速钢	淬火态	M(隐针)+碳化物(颗粒状)+A′	4%硝酸酒精溶液
3	高速钢	回火态	$M_{回火}$(暗黑色基体)+碳化物(白色颗粒)	4%硝酸酒精溶液
4	灰口铸铁	铸态	P+条片状石墨	4%硝酸酒精溶液
5	可锻铸铁	铸造+石墨化退火	F(白亮色基体)+团絮状石墨	4%硝酸酒精溶液
6	球墨铸铁	铸态	F(白亮色)+P+球状石墨	4%硝酸酒精溶液
7	铝硅明	变质处理	α(枝晶状)+共晶体(细密基体)	4%硝酸酒精溶液
8	双相黄铜	铸态	α(白亮色)+β(暗黑色)	3% $FeCl_3$ +10% HCl溶液
9	锡基巴氏合金	铸态	α(暗黑色)+β(白色块状)+Cu_3Sn	3% $FeCl_3$ +10% HCl溶液
10	20钢	920 ℃水淬	板条状马氏体	4%硝酸酒精溶液
11	45钢	840 ℃空冷	铁素体+索氏体	4%硝酸酒精溶液

续表 1-3

编号	名称	状 态	显微组织特征	腐 蚀 剂
12	45 钢	840 ℃水冷	细针状、板条状马氏体 + 残余奥氏体	4% 硝酸酒精溶液
13	45 钢	840 ℃油冷	细针状、板条状马氏体 + 屈氏体残	4% 硝酸酒精溶液
14	45 钢	750 ℃水淬	细针状、板条状马氏体 + 部分铁素体	4% 硝酸酒精溶液
15	T12 钢	760 ℃水淬 + 200 ℃回火	回火马氏体 + 粒状渗碳体	4% 硝酸酒精溶液
16	T12 钢	1000 ℃水淬 + 180 ℃回火	回火马氏体 + 粒状渗碳体	4% 硝酸酒精溶液

（2）实验方法。

1）每位同学轮流对每个试样进行观察；

2）画出所观察到的金相试样的显微组织图。

1.4.5 实验要求

（1）学生进入实验室前必须认真阅读实验指导书，做好实验预习；明确实验目的、任务、有关原理、操作的主要步骤、注意事项；

（2）实验过程中必须严格遵守操作规程及注意事项；自觉遵守实验室各项规章制度；

（3）实验报告中要求有实验名称、实验目的、实验设备；

（4）认识并画出各种材料的显微组织图。

1.4.6 课程思政驿站 金属材料的发展简史

（1）第一阶段——原始钢铁生产。

公元前 4300 年，自然的金、铜及锻打等工艺。

公元前 2800 年，铁的熔炼。

公元前 2000 年，青铜器兴盛，编钟与武器（商、周、春秋战国）。

东汉时，反复锻打钢→最原始形变热处理工艺。

淬火技术，“浴以五牲之溺，淬以五牲之脂”（现代的水淬、油淬）。

我国出土了著名的吴王夫差矛和越王勾践剑、商周时期的青铜敦和尊盘和商代青铜纵目人面像等。1981 年湖北擂鼓墩二号墓出土战国编钟一套，音律准确，音色优美；其件数和规模仅次于曾侯乙编钟，总音域达 5 个 8 度以上，可自己转调，奏出五声、六声、七声音阶构成的各种乐曲；须五人合作演出，众声齐发，交响叠鸣，无愧为古代音乐之绝响，让世人赞叹古人的智慧。

（2）第二阶段——金属材料学科的基础。

奠定金属材料学科基础为金属学、金相学、相变和合金钢等。

1803 年：道尔顿提出原子学说，阿伏伽德罗提出分子论。

1830 年：Hessel 提出 32 种晶体类型，普及晶体指数。

1891 年：俄、德、英等国科学家分别独立创立了点阵结构理论。

1864 年：Sorby 制备第一张金相照片，9 倍，但意义重大。

1827 年：Karsten 从钢中分离出了 Fe_3C，1888 年 Abel 证明了这是 Fe_3C。

1861 年：俄契尔诺夫提出了钢的临界转变温度的概念。

19 世纪末：马氏体研究已成为时髦，Gibbs 得到了相律，Robert-Austen 发现了奥氏体固溶特性，Roozeboom 建立了 $Fe-Fe_3C$ 系的平衡图。

（3）第三阶段——微观组织理论大发展。

合金相图，X 射线发明及应用，位错理论的建立。

1912 年：发现 X 射线，证实 α(δ)-Fe 是 bcc，γ-Fe 是 fcc；固溶体规律。

1931 年：发现合金元素的扩大和缩小 γ 区作用。

1934 年：俄国 Polanyi、匈牙利 Orowan 和英国 Taylor 各自独立地提出了位错理论，解释钢的塑性变形；马氏体转变的晶体学。

1938 年：发明了电子显微镜。

1910 年：发明 A 不锈钢，1912 年发明了 F 不锈钢等。

1990 年：发明了布氏硬度计，Griffith 提出了应力集中会导致产生微裂纹。

（4）第四阶段——微观理论的深入研究。

微观理论的深入研究：原子扩散及其本质的研究；钢 TTT 曲线测定；贝氏体、马氏体转变理论形成了比较完整的理论。

位错理论建立：电子显微镜的发明，促使看到了钢中第二相沉淀析出，位错滑移，发现了不全位错、层错、位错墙、亚结构、Cottrell 气团等现象，发展出位错理论。

新科学仪器不断发明：电子探针，场离子发射显微镜和场电子发射显微镜、扫描透射电镜（STEM）、扫描隧道显微镜（STM）、原子力显微镜（AFM）等。

（资料来源：网络）

1.5 形变热处理实验

1.5.1 实验目的

（1）了解形变热处理工艺流程；

（2）掌握形变热处理和普通热处理对材料性能的影响；

（3）锻炼动手能力和团队合作能力，培养学生的科研兴趣。

1.5.2 形变热处理概述

形变热处理是将压力加工与热处理有效地结合起来，在马氏体点以上温度经塑性变形后，立即利用余热进行热处理，以达到形变强化与相变强化的双层强化的效果，得到了比单一强化更高的力学性能的一种热处理工艺。其优点为节省工序、减少能源消耗、节省钢材的热处理缺陷等，因此提高了零件的产品性能。

形变热处理应用范围很广，各种钢和有色金属均可进行形变热处理，根据形变热处理的淬火温度与形变温度的不同，分为以下几类：形变在相变之前有低温形变淬火、中温形变淬火、高温形变等温淬火、亚温形变淬火、等温正火、低温形变等温淬火等；形变在相变过程中有等温形变淬火、连续冷却形变处理、诱发马氏体的室温形变、过饱和固溶体的形变时效等；形变在相变温度之后有珠光体形变、珠光体冷形变、马氏体形变时效等。这里简单介绍低温形变淬火（或中温形变淬火）和高温形变淬火。

1.5.2.1 低温形变淬火

低温形变淬火（又称亚温奥氏体形变淬火、中温形变淬火），是将零件加热到奥氏体化温度 A_{c3} 以上奥氏体化后，保温适当时间，快速冷却到相变温度以下，并在低于再结晶温度而高于 M_s 温度进行轧制、锤锻、挤压、深拉等形变，在该温度内进行一次或多次加工形变，随后迅速进行淬火和回火，以获得高强度组织的复合热处理工艺。它的强化效果最好，抗拉强度也比一般的热处理高，事实表明，零件的变形量越大，强化效果越显著。可进行该项处理的多为中、高合金钢零件，即奥氏体亚稳定钢，它们有较高的淬透性和较宽的亚稳定奥氏体区。

低温形变淬火与高温形变淬火相比极大提高了强度、屈服强度和疲劳强度等，由于是在再结晶温度进行的形变，因此不存在因再结晶而降低强度的可能性。该形变量可达70%~90%，通常温度在400~500 ℃进行形变处理，晶界严重扭曲，产生了大量的亚晶和位错，因此提高了强度。另外形变析出许多超显微的细化碳化物，沉积于位错周围，起到了“钉扎”位错的作用，因此大大提高零件的强度。

1.5.2.2 高温形变淬火

高温形变淬火是将零件加热到奥氏体化温度以上即 A_{c3} +（30~60）℃，保温一定时间后进行形变，如轧制、拔丝、模锻、旋压以及挤压等，然后进行淬火处理的过程，即高于奥氏体再结晶温度进行形变后再发生相变的工艺，形变淬火后获得了马氏体组织，随后根据零件的性能要求和钢的特性进行回火。碳钢和合金钢均可进行形变淬火，从其形变的温度可知此时零件仍处在锻、轧温度，因此它是利用锻轧余热而进行的淬火，故称为形变余热淬火。高温形变淬火的主要优点为：提高钢的高温及低温下强度和塑性；消除回火脆性；提高热强度和冲击韧性；降低了钢的缺口敏感性，改善了断裂韧性等。60Si2Mn 汽车弹簧钢板在930 ℃热轧变形18%，形变后在60 s内淬入20号机械油中冷却，随后在650 ℃的温度下进行185 s的快速回火，强度大大提高，其使用寿命提高10倍。经过高温形变淬火后的零件能提高强度10%~30%，塑性提高40%~50%，韧性和疲劳强度均有提高。

影响高温形变淬火强化效果的因素有钢的化学成分、形变温度、形变量以及形变速度或形变温度等。需要特别注意的是，要进行形变淬火应控制以下几个重要的工艺参数：形变量、形变温度、淬火前的停留时间、回火温度等。形变温度的高低影响基体的强度，淬火时间的长短则影响其硬度等力学性能，这与钢的淬透性有关，碳钢与高合金钢相比则要求快速冷却，否则无法获得要求的力学性能。

1.5.3 实验设备与材料

热轧机、洛氏硬度计、20钢板、60 Si2Mn钢板。

1.5.4 实验内容与方法

（1）20钢普通淬火工艺，测试淬火后钢的硬度值。

（2）20钢形变热处理工艺。将钢加热至 A_{c3} 以上，在稳定的奥氏体温度范围内进行变形处理，变形后立刻进行淬火，之后测试钢的硬度值。

（3）比较普通热处理和形变热处理对碳钢性能的影响及原因。

（4）60Si2Mn分别进行形变热处理和回火，普通淬火工艺后进行回火，对比性能差异。

1.5.5 实验要求

（1）学生进入实验室前必须认真阅读实验指导书做好实验预习，明确实验目的、任务、有关原理、操作的主要步骤、注意事项。

（2）实验过程中必须严格遵守操作规程及注意事项；自觉遵守实验室各项规章制度。

（3）实验报告中要求有实验名称、实验目的、实验设备。

（4）认真分析实验数据，对比分析普通热处理和形变热处理对材料性能的影响及原因。

1.5.6 课程思政驿站 轧制工艺在电池铝箔上的应用（校企合作案例）

我国“十四五”新型储能发展实施方案明确指出加强储能技术创新战略性布局和系统性谋划，积极开展新型储能关键技术研发，其中特别提到储能电池相关生产、创新技术的研发与推广。推进储能电池重要结构组成部分——电池铝箔的创新研究、品质提升和技术突破对于应对国际能源格局变革、早日达成“双碳”目标、深入推进现代工业绿色转型，提高我国在科学研究、工业生产、经济发展等领域的综合竞争力具有重要意义。

内蒙古工业大学杜赵新、巩天浩课题组与内蒙古联晟新能源材料有限公司联合在电池铝箔坯料短流程高效退火轧制技术方面做了大量研究工作。他们研究了冷轧塑性变形工艺与退火热处理对电池铝箔坯料材料微观组织、力学性能以及产品表观形态的影响，辅以数字化模拟技术，优化退火热处理制度、协调冷轧变形工艺，开发电池铝箔坯料短流程高效退火轧制技术，缩减现行的“二次退火”工序，实现冷轧变形结合“一次退火”即获得组织均匀、强塑性结合、板形优良的高质量电池铝箔坯料，实现电池铝箔坯料及后续产品的高质量高效生产。

铝箔铸轧工序如图 1-29 所示。

图 1-29 铝箔铸轧工序

彩图

铝箔冷轧工序如图 1-30 所示。

彩图

图 1-30 铝箔冷轧工序

近年来，新能源汽车产业快速发展，带动了电池铝箔需求的显著增长，这极大地促进了铝箔制备技术的创新与进步。与此同时，随着新能源汽车对电池性能要求的不断提高，电池铝箔的厚度也从 18 μm、15 μm、12 μm 逐渐减薄至 8 μm 甚至 6 μm。这种更薄的铝箔设计有效提升了电池的能量密度，从而推动了整体电池性能的优化。

（资料来源：杜赵新，巩天浩．内蒙古自治区科技计划项目，2023 年）

2 金属材料工艺实验

2.1 碳钢热处理操作及硬度测定

2.1.1 实验目的

（1）了解碳钢的基本热处理（退火、正火、淬火及回火）工艺方法；

（2）研究冷却条件与钢性能的关系，分析淬火及回火温度对钢性能的影响；

（3）培养理论联系实际的能力、分析问题和解决问题的能力，培养学生的科研兴趣。

2.1.2 热处理概述

热处理是一种很重要的金属加工工艺方法，也是充分发挥金属材料性能潜力的重要手段。热处理的主要目的是改变钢的性能，其中包括使用性能及工艺性能。钢的热处理工艺特点是将钢加热到一定的温度，经一定时间的保温之后以某种速度冷却下来，通过这样的工艺过程使钢的性能发生改变。

钢的热处理基本工艺方法可分为退火、正火、淬火和回火等。

2.1.2.1 钢的退火和正火

钢的退火通常是把钢加热到临界温度 A_{c1}（球化退火）或 A_{c3}（完全退火）以上，保温一段时间，然后缓慢地随炉冷却。此时奥氏体在高温区发生分解而得到比较接近平衡状态的组织。一般中碳钢（如 40 钢、45 钢）经退火后组织稳定，硬度较低（HB 180 ~ 220），有利于下一步进行切削加工。

正火则是将钢加热到 A_{c3}或 A_{cm}以上 30 ~ 50 ℃，保温后进行空冷。由于冷却速度稍快，与退火组织相比，组织中的珠光体相对量较多，且片层较细密，所以性能有所改善。对低碳钢来说，正火后提高硬度可改善切削加工性，提高零件表面光洁度；对高碳钢则正火可消除网状渗碳体，为下一步球化退火及淬火做准备。不同含碳量的碳钢在退火及正火状态下的强度和硬度值见表 2-1。

表 2-1　碳钢在退火及正火状态下的力学性能

性能	热处理状态	含碳量（质量分数）/%		
		≤0.1	0.2 ~ 0.3	0.4 ~ 0.6
硬度（HB）	退火	约 120	150 ~ 160	180 ~ 220
	正火	130 ~ 140	160 ~ 180	220 ~ 250
强度 σ_b/(MN · m^{-2})	退火	300 ~ 330	420 ~ 500	560 ~ 670
	正火	340 ~ 360	480 ~ 550	660 ~ 760

2.1.2.2　钢的淬火

所谓淬火就是将钢加热到 A_{c3}（亚共析钢）或 A_{c1}（过共析钢）以上 30～50 ℃，保温一段时间后放入各种不同的冷却介质中加速冷却（$V_{冷}$ 应大于 $V_{临}$），以获得马氏体组织。碳钢经淬火后的组织由马氏体及一定数量的残余奥氏体所组成。为了正确地进行钢的淬火，必须考虑下列三个重要因素：淬火加热温度、保温时间和冷却速度。

A　淬火温度的选择

正确选定加热温度是保证淬火质量的重要一环。淬火时的具体加热温度主要取决于钢的含碳量，可根据 $Fe\text{-}Fe_3C$ 相图确定，如图 2-1 所示。对亚共析钢，其加热温度为 $A_{c3}+(30\sim50)$℃，若加热温度不足（低于 A_{c3}），则淬火组织中将出现铁素体而造成强度及硬度的降低。对过共析钢，加热温度为 $A_{c1}+(30\sim50)$℃，淬火后可得到细小的马氏体与粒状渗碳体。后者的存在可提高钢的硬度和耐磨性。过高的加热温度（如超过 A_{cm}）不仅无助于强度、硬度的增加，反而会由于产生过多的残余奥氏体而导致硬度和耐磨性的下降。

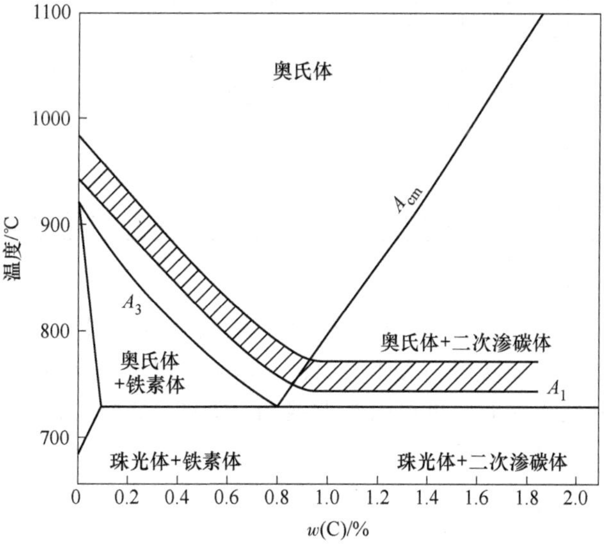

图 2-1　碳钢正常淬火温度范围

需要指出，不论在退火、正火及淬火时，均不能任意提高加热温度。温度过高晶粒容易长大，而且增加氧化脱碳和变形的倾向。各种不同成分碳钢的临界温度列于表 2-2 中。

表 2-2　各种碳钢的临界温度（近似值）

类别	钢号	临界温度/℃			
		A_{c1}	A_{c3} 或 A_{cm}	A_{r1}	A_{r3}
碳素结构钢	20	735	855	680	835
	30	732	813	677	835
	40	724	790	680	796
	45	724	780	682	760
	50	725	760	690	750
	60	727	766	695	721

续表 2-2

类别	钢号	临界温度/℃			
		A_{c1}	A_{c3}或A_{cm}	A_{r1}	A_{r3}
碳素工具钢	T7	730	770	700	743
	T8	730	—	700	
	T10	730	800	700	
	T12	730	820	700	
	T13	730	830	700	

B 保温时间的确定

淬火加热时间实际上是将试样加热到淬火温度所需的时间及在淬火温度停留所需时间的总和。加热时间与钢的成分、工件的形状尺寸、所用的加热介质、加热方法等因素有关，一般按照经验公式加以估算，碳钢在电炉中加热时间的计算列于表 2-3。

表 2-3 碳钢在箱式电炉中加热时间的确定

加热温度/℃	工件形状		
	圆柱形	方形	板形
	保温时间		
	min/mm（直径）	min/mm（厚度）	min/mm（厚度）
700	1.5	2.2	3
800	1	1.5	2
900	0.8	1.2	1.6
1000	0.4	0.6	0.8

C 冷却速度的影响

冷却是淬火的关键工序，它直接影响到钢淬火后的组织和性能。冷却时应使冷却速度大于临界冷却速度，以保证获得马氏体组织；在这个前提下又应尽量缓慢冷却，以减小内应力，防止变形和开裂。为此，可根据 C 曲线图，如图 2-2 所示，使淬火工件在过冷奥氏

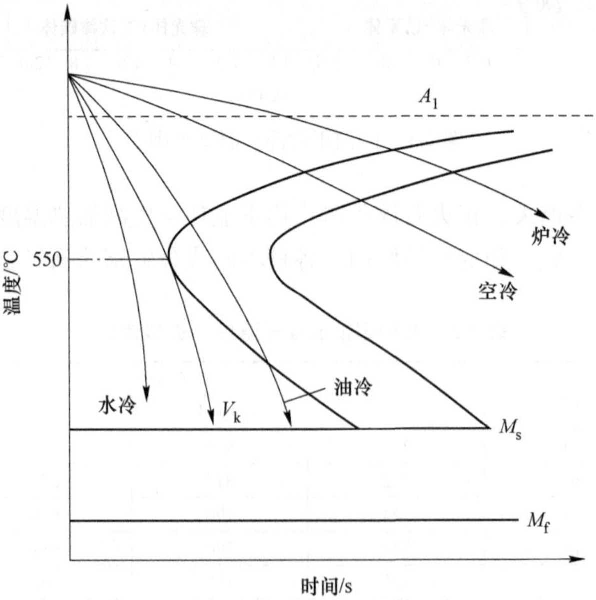

图 2-2 在共析钢 C 曲线上估计连续冷却速度的影响

体最不稳定的温度范围（650～550 ℃）时的冷却速度则尽可能小些。为了保证淬火效果，应选用适当的冷却介质（如水、油等）和冷却方法（如双液淬火、分级淬火等）。不同的冷却介质在不同的温度范围内的冷却能力有所差别。各种冷却介质的特性见表2-4。

表2-4 几种常用淬火介质的冷却能力

冷却介质	在下列温度范围内的冷却速度/(℃·s^{-1})	
	650～550 ℃	300～200 ℃
18 ℃的水	600	270
26 ℃的水	500	270
50 ℃的水	100	270
74 ℃的水	30	200
10% NaCl水溶液（18 ℃）	1100	300
10% NaOH水溶液（18 ℃）	1200	300
10% Na_2CO_3水溶液（18 ℃）	800	270
蒸馏水	250	200
肥皂水	30	200
菜籽油（50 ℃）	200	35
矿物油（50 ℃）	150	30
变压器油（50 ℃）	120	25

2.1.2.3 钢的回火

钢经淬火后得到的马氏体组织质硬而脆，并且工件内部存在很大的内应力，如果直接进行磨削加工往往会出现龟裂；一些精密的零件在使用过程中将会引起尺寸变化而失去精度，甚至开裂。因此淬火钢必须进行回火处理。不同的回火工艺可以使钢获得所需的各种不同性能。表2-5为45钢淬火后经不同温度回火后的组织及性能。

表2-5 45钢经淬火及不同温度回火后的组织和性能

类型	回火温度/℃	回火后的组织	回火后硬度(HBC)	性能特点
低温回火	150～250	回火马氏体+残余奥氏体	60～57	高硬度，内应力减小
中温回火	350～500	回火屈氏体+残余奥氏体	35～45	硬度适中，有高弹性
高温回火	500～650	回火索氏体+残余奥氏体	20～33	具有良好塑性、韧性和一定强度相配合的综合性能

对碳钢来说，回火工艺的选择主要是考虑回火温度和保温时间这两个因素。

A 回火温度

在实际生产中通常以图纸上所要求的硬度要求作为选择回火温度的依据。各种钢材的回火温度与硬度之间的关系曲线可以从有关手册中查阅。现将几种常用的碳钢（45、T8、T10和T12钢）回火温度与硬度的关系列于表2-6。

表 2-6 常用碳钢不同温度回火后的硬度值（HRC）

回火温度/℃	45 钢	T8 钢	T10 钢	T12 钢
150～200	60～54	64～60	64～62	65～62
200～300	54～50	60～55	62～56	62～57
300～400	50～40	55～45	56～47	57～49
400～500	40～33	45～35	47～38	49～38
500～600	33～24	35～27	38～27	38～28

注：由于具体处理条件不同，上述数据仅供参考。

也可以采用经验公式近似地估算回火温度。例如 45 钢的回火温度经验公式为：

$$T \approx 200 + K(60 - x) \tag{2-1}$$

式中 K——系数，当回火要求的硬度值 > HRC30 时，$K = 11$；< HRC30 时，$K = 12$；

x——所要求的硬度值（HRC）。

B 保温时间

回火保温时间与工件材料、尺寸、工艺条件等因素有关，通常采用 1～3 h。由于实验所用试样较小，故回火保温时间可为 30 min，回火后在空气中冷却。

2.1.3 实验设备及材料

（1）实验设备。

箱式电阻炉及控温仪表、洛氏硬度计、砂轮机、试样夹钳、砂纸等。

（2）实验材料。

20 钢、45 钢和 T12 钢。

（3）冷却介质。

10% NaCl 水溶液和 20 号机油。

2.1.4 实验内容与方法

（1）实验内容。

1）每位同学完成热处理工艺表 2-7 中的一个工艺，并将实验数据填入表 2-7 内；

2）分析加热温度、冷却速度和含碳量对钢硬度的影响；

3）分析 45 钢回火温度和硬度之间的关系，并绘制曲线；

4）分析实验中存在的问题。

（2）实验方法。

1）在加热前先将试样在砂轮机上磨平，以便于准确地进行洛氏硬度的测定；

2）根据试样钢号、大小确定淬火和回火保温时间；

3）将淬火及正火后的试样两端面用砂纸磨去氧化皮，并测出硬度值填入表 2-7 中；

4）进行淬火 + 回火工艺时，首先将试样进行淬火，测其硬度并填入表 2-7 中，之后进行回火，保温 30 min 后，取出空冷；

5）用砂纸磨光回火试样的两端面，之后在洛氏硬度计上测定硬度值并填入表 2-7 中。

表 2-7　热处理工艺

编号	材料	热处理工艺			硬度（HRC）	金相组织
		淬火加热温度/℃	冷却介质	回火温度/℃		
1	45 钢	840	空冷			
2		1000	水冷			
3		840	水冷			
4			水冷	200		
5			水冷	400		
6			水冷	600		
7			油冷			
8		750	水冷			
9	T12 钢	840	空冷			
10		760	水冷			
11			水冷	200		
12			水冷	400		
13			水冷	600		
14			油冷			
15		1000	水冷			
16	20 钢	920	水冷			
17		1000	水冷			

2.1.5　实验注意事项

（1）本实验加热所用都为电炉，由于炉内电阻丝距离炉膛较近，容易漏电，所以电炉一定要接地，在放、取试样时必须先切断电源；

（2）往炉中放、取试样时必须使用夹钳，夹钳必须擦干，不得沾有油和水，开关炉门要迅速，炉门打开时间不宜过长；

（3）试样由炉内取出淬火时动作要迅速，以免温度下降，影响淬火质量；

（4）试样在淬火液中应不断搅动，否则试样表面会由于冷却不均而出现软点；

（5）淬火时水温应保持在 20～30 ℃，水温过高要及时换水；

（6）淬火或回火后的试样均要用砂纸打磨表面，去掉氧化皮后再测定硬度值。

2.1.6　课程思政驿站　热处理工艺在钛合金上的应用（科研案例）

同时实现高强度和高塑性的亚稳态-β 钛合金薄板是一个艰巨的挑战。内蒙古工业大学杜赵新、巩天浩课题组采用电阻炉进行热处理，设计热处理工艺，研究升序双级时效对冷轧钛合金薄板组织和性能的影响。实验通过轧制和退火得到 1.2 mm 厚的 Ti-15Mo-3Al-2.7Nb-0.25Si 钛合金板材，然后进行双相时效处理。预时效温度为 300～390 ℃，持续 0.5～2 h。再时效温度为 500～600 ℃。经表征发现，合金在预时效过程中析出 ω 相，ω 相的分布不均匀，且随着预时效温度的升高，ω 相的数量逐渐增加。因此，合金片材的强化机制主要是

ω 相辅助 α 相形核。晶粒细化是保证合金塑性的一种机制。详细讨论 ω 相演化规律、分析合金板材的强化机理，得到强度为 1445.75 MPa、伸长率为 6.55% 的亚稳态-β 钛合金板材。Ti-15Mo-3Al-2.7Nb-0.25Si 热处理工艺流程图如图 2-3 所示。

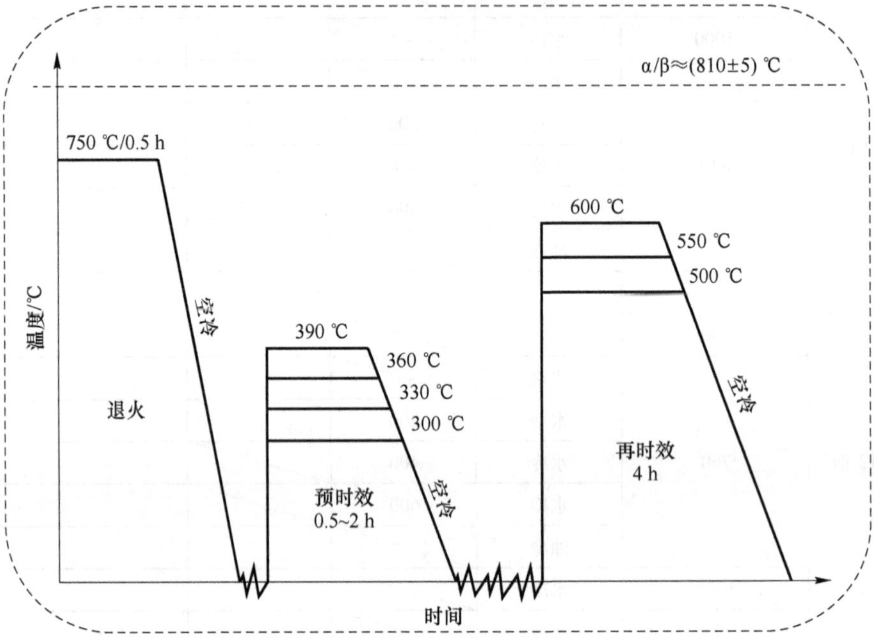

彩图

图 2-3 Ti-15Mo-3Al-2.7Nb-0.25Si 热处理工艺流程图

（资料来源：Xudong Kang，Zhaoxin Du，Tianhao Gong，et al. Grain Refinement and Phase Precipitation Simultaneously Improve the Strength and Ductility of Ultra-High Strength Titanium Alloy Sheets [J]. Progress in Natural Science：Materials International. 2024，34：1066-1075.）

2.2 碳钢热处理后的显微组织观察

2.2.1 实验目的

（1）观察和研究碳钢经过不同热处理后的金相显微组织；

（2）了解热处理工艺对钢的组织和性能的影响；

（3）培养从微观组织分析材料工艺及性能的能力。

2.2.2 碳钢热处理组织概述

铁碳合金缓冷后的金相显微组织基本上与铁碳相图所预料的各种平衡组织相符合，但碳钢在不平衡状态，即在快冷条件下的显微组织就不能用铁碳合金相图来分析，而应由过冷奥氏体转变曲线图——C 曲线来确定。图 2-4 为共析钢的等温转变 C 曲线图。

按照不同的冷却条件，过冷奥氏体在不同的温度范围发生不同类型的转变。通过金相

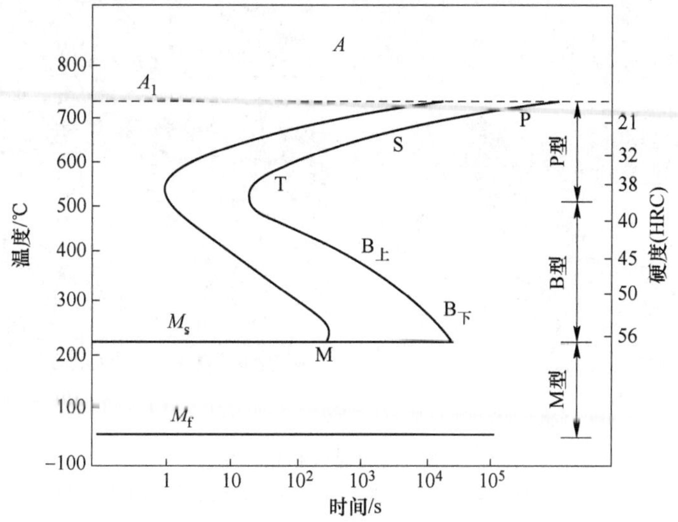

图 2-4　共析钢的等温转变 C 曲线图

显微镜观察，可以看出过冷奥氏体各种转变产物的组织形态各不相同。共析钢过冷奥氏体在不同温度转变的组织特征见表 2-8。

表 2-8　共析钢过冷奥氏体在不同温度转变的组织特征

转变类型	组织名称	形成温度范围/℃	金相显微组织特征
珠光体型相变	珠光体（P）	>650	在 400～500 倍金相显微镜下可观察到铁素体和渗碳体的片层状组织
	索氏体（S）	600～650	在 800～1000 倍的显微镜下才能分清片层状特征，在低倍镜下片层模糊不清
	屈氏体（T）	550～600	用光学显微镜观察时呈黑色团状组织，只有在电子显微镜下才能看出片层组织
贝氏体型相变	上贝氏体（$B_上$）	350～550	金相显微镜下呈暗灰色的羽毛状特征
	下贝氏体（$B_下$）	230～350	在金相显微镜下呈黑色针叶状特征
马氏体型相变	马氏体（M）	<230	在正常淬火温度下呈细针状马氏体（隐晶马氏体），过热淬火时呈粗大片状马氏体

2.2.2.1　钢的退火和正火组织

亚共析成分的碳钢（如 40 钢、45 钢等）一般采用完全退火，退火后可得到近似平衡状态的组织。过共析成分的碳素工具钢（如 T10 钢、T12 钢等）则都采用球化退火，球化退火后获得粒状珠光体组织。T12 钢经球化退火后组织中的二次渗碳体及珠光体中的渗碳体都将变成颗粒状。图中均匀而分散的细小粒状组织就是粒状渗碳体，如图 2-5（a）所示。因为正火的冷却速度大于退火的冷却速度，所以 45 钢正火后的组织比退火的细，珠光体的相对含量也比退火组织中的多，如图 2-5（b）所示。

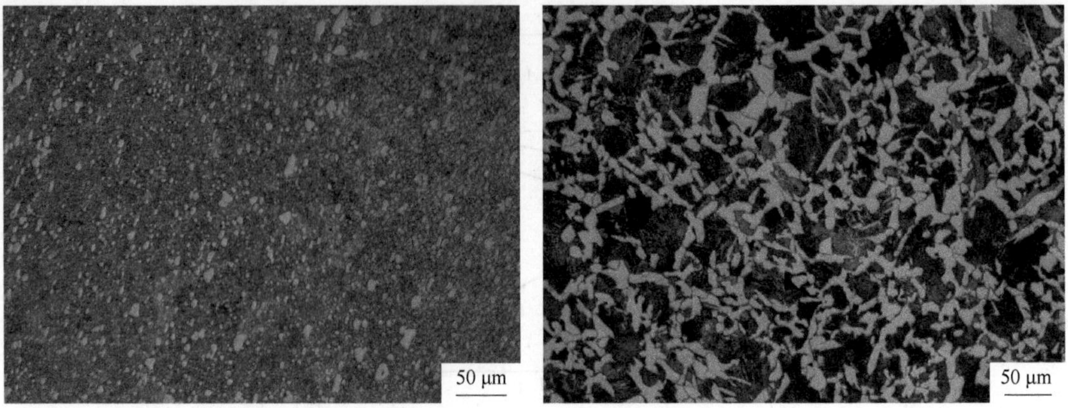

(a) (b)

图 2-5 钢的退火和正火组织

（a）T12 钢球化退火后的显微组织；（b）45 钢正火后的显微组织

2.2.2.2 钢的淬火组织

根据 $Fe\text{-}Fe_3C$ 相图可知，20 钢加热到 920 ℃奥氏体化，水中冷却后获得马氏体，20 钢属于低碳钢，因此马氏体的形态为板条状，如图 2-6 所示。将 45 钢加热到 750 ℃奥氏体化，然后在水中冷却，称为不完全淬火。在这个温度加热，有部分铁素体尚未溶入奥氏体中，所以淬火后将得到马氏体和铁素体组织。在金相显微镜中观察到的是呈暗色针状马氏体基底上分布有白色块状铁素体，如图 2-7（a）所示。45 钢正常加热淬火后将获得细针状马氏体，如图 2-7（b）所示。由于马氏体针非常细小，在显微镜中不易分清。若将淬火温度提高到 1000 ℃（过热淬火），由于奥氏体晶粒的粗化，经淬火后将得到粗大针状马氏体组织，如图 2-7（c）所示。若 45 钢加热到正常淬火温度，然后在油中冷却，则由于冷却速度不足，得到的组织将是马氏体和部分屈氏体（或混有少量贝氏体）。图 2-7（d）为 45 钢加热到 840 ℃后油冷的显微组织，亮白色为马氏体，呈黑色块状分布于晶界处的为屈氏体。

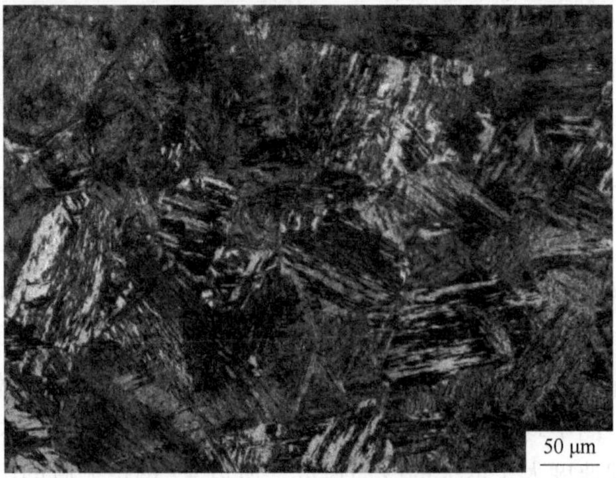

图 2-6 20 钢 920 ℃淬火后的显微组织

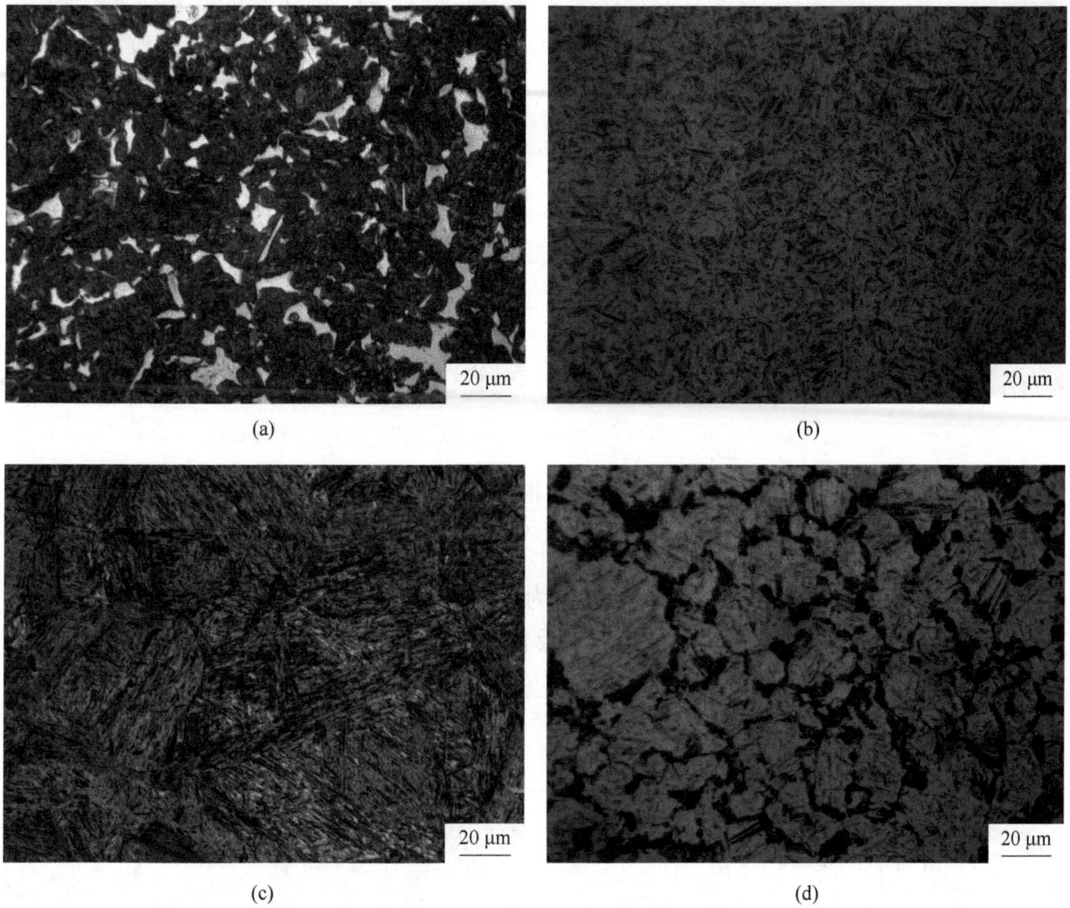

图 2-7　45 钢的淬火组织
（a）45 钢 750 ℃不完全淬火后的显微组织；（b）45 钢正常淬火后的显微组织；（c）45 钢 1000 ℃过热淬火后的显微组织；（d）45 钢 840 ℃油中淬火后的显微组织

T12 钢在 760 ℃正常温度淬火后的显微组织如图 2-8（a）所示，除了细小的马氏体外尚有部分未溶入奥氏体中的渗碳体（呈亮白色颗粒）。当 T12 钢加热到较高温度（1000 ℃）淬火时，显微组织出现粗大的马氏体，并且还有一定数量的残余奥氏体（呈亮白色）存在于马氏体针之间，如图 2-8（b）所示。

2.2.2.3　淬火后的回火组织

钢经淬火后所得到的马氏体和残余奥氏体均为不稳定组织，它们具有向稳定的铁素体和渗碳体的两相混合物组织转变的倾向。通过回火即将钢加热，提高原子活动能力，可促进这个转变过程的进行。

淬火钢经不同温度回火后所得到的组织不同，通常按组织特征分为以下三种。

A　回火马氏体

淬火钢经低温回火（150～250 ℃），马氏体内的过饱和碳原子脱溶沉淀，析出与母相

(a) (b)

图 2-8 T12 钢的淬火组织

(a) T12 钢 760 ℃正常淬火后的显微组织；(b) T12 钢 1000 ℃过热淬火后的显微组织

保持着共格联系的 ε 碳化物，这种组织称为回火马氏体。回火马氏体仍保持针片状特征，但容易受浸蚀，故颜色要比淬火马氏体深些，是暗黑色的针状组织，如图 2-9 所示。

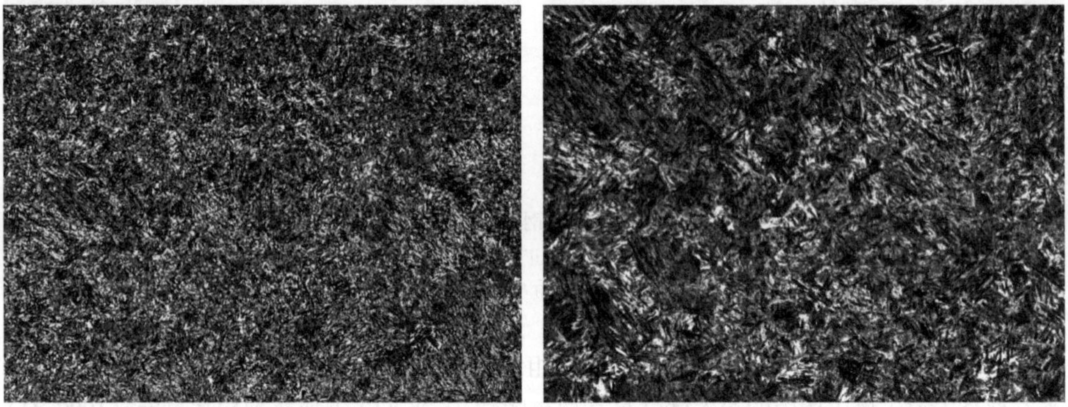

(a) (b)

图 2-9 45 钢 840 ℃淬火 200 ℃回火后的显微组织

(a) 放大倍数 200 倍；(b) 放大倍数 500 倍

B 回火屈氏体

淬火钢经中温回火（350～500 ℃），得到在铁素体基体中弥散分布着微小粒状渗碳体的组织，称为回火屈氏体。回火屈氏体中的铁素体仍然基本保持原来针状马氏体的形态，渗碳体则呈细小的颗粒状，在光学显微镜下不易分辨清楚，故呈暗黑色，如图 2-10（a）所示。用电子显微镜可以看到这些渗碳体质点，并可以看出回火屈氏体仍保持有针状马氏体的位向，如图 2-10（b）所示。

(a) (b)

图 2-10 45 钢 840 ℃淬火 400 ℃回火后的显微组织

（a）放大倍数 200 倍；（b）放大倍数 500 倍

C 回火索氏体

淬火钢高温回火（500～650 ℃）得到的组织称为回火索氏体，其特征是已经聚集长大了的渗碳体颗粒均匀分布在铁素体基体上，如图 2-11（a）所示。用电子显微镜可以看出回火索氏体中的铁素体已不呈针状形态而成等轴状，如图 2-11（b）所示。

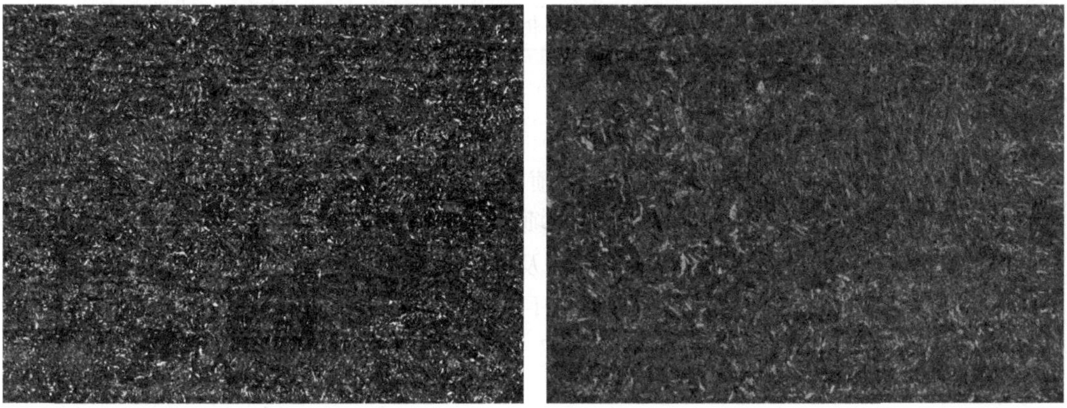

(a) (b)

图 2-11 45 钢 840 ℃淬火 600 ℃回火后的显微组织

（a）放大倍数 200 倍；（b）放大倍数 500 倍

2.2.3 实验设备与材料

（1）实验设备。

光学金相显微镜。

（2）实验材料。

各种经不同热处理的金相样品。

2.2.4 实验内容与方法

实验内容与方法如下所述。

(1) 在显微镜下观察 20 钢、45 钢和 T12 钢在不同热处理工艺条件下的金相显微组织。

(2) 进一步识别板条马氏体、片状马氏体、贝氏体组织。

(3) 本实验所研究的材料名称、热处理工艺、显微组织、浸蚀剂及放大倍数列于表 2-9。

表 2-9 材料、工艺及组织名称

编号	材料	热处理工艺	显微组织	放大倍数	浸蚀剂
1	20 钢	920 ℃水冷	板条状马氏体	均为 400	均为 4% 硝酸酒精溶液
2	45 钢	840 ℃空冷	铁素体 + 索氏体		
3		840 ℃水冷	细针状、板条状马氏体 + 残余奥氏体		
4		840 ℃水冷 +600 ℃回火	回火索氏体 + 残余奥氏体		
5		840 ℃油冷	细针状、板条状马氏体 + 屈氏体		
6		760 ℃水冷	细针状、板条状马氏体 + 部分铁素体		
7		1000 ℃水冷	粗针状马氏体 + 残余奥氏体		
8	T12 钢	760 ℃水冷	细针状马氏体 + 粒状渗碳体		
9		760 ℃水冷 +200 ℃回火	回火马氏体 + 粒状渗碳体		
10		1000 ℃水冷 +180 ℃回火	粗片状马氏体 + 残余奥氏体		

2.2.5 实验要求

(1) 学生进入实验室前必须做好实验预习；认真阅读实验指导书，明确实验目的、任务、有关原理、操作的主要步骤、注意事项。

(2) 实验过程中必须严格遵守操作规程及注意事项；自觉遵守实验室各项规章制度。

(3) 实验报告中要求有实验名称、实验目的、实验设备。

(4) 根据要求绘出 20 钢、45 钢和 T12 钢在不同热处理工艺条件下的金相显微组织图。

2.2.6 课程思政驿站 大国工匠段浩杰——千锤百炼始成钢

段浩杰是中国宝武太钢精密带钢公司研发中心主任。很难想象，这位架着眼镜、气质斯文的“85 后”是一位大国工匠。2010 年，段浩杰大学毕业进入太钢精密带钢公司轧制作业区，他每天泡在车间里，研究设备、学习工艺、提升技能，很快成长为业务尖兵。2016 年，以段浩杰为核心成员的中国宝武太钢集团“手撕钢”研发团队成立，15 名成员的平均年龄只有 30 岁。

“手撕钢”学名叫作“不锈钢精密箔材”，因这种不锈钢厚度仅有报纸的七分之一，且易用手撕开而得名。“手撕钢”主要应用于精密仪器、航空航天等领域。很长一段时间，在炼钢人眼里，0.05 mm 厚度是我国这一领域生产技术的“天花板”，0.02 mm 厚度几乎不可能突破。这一厚度的技术工艺难度高，长期被国外垄断。“0.02 mm 厚度的轧制程序是核心工艺技术点，也是技术的难点。”段浩杰介绍，“手撕钢”轧制过程就像山西人制作手擀面，把钢带通过轧辊“擀”薄。但和擀面不同的是，制作“手撕钢”的轧机有 20 根轧辊，排列组合有 20000 种。

两年多时间里，这帮年轻人夙兴夜寐，克服了 175 个设备难题、452 个工艺难题、历经 700 多次实验，终于在 2018 年年底成功研发出厚度 0.02 mm、宽度 600 mm 的宽幅“手撕钢”。“最大的成就感，是让我国的企业用上了自己的‘手撕钢’。”段浩杰介绍说，之前定价权在外国人手上，巴掌大的产品就要 400 元人民币。如今，我们不仅把“手撕钢”的价格打了下来，而且还出口国外。

段浩杰团队克服软件程序限制，解决硬件精度不足，消除操作方法缺陷，终于在 2020 年 8 月成功研发出了 0.015 mm 的产品并实现量产，刷新了“手撕钢”世界纪录。如今，“手撕钢”已被广泛应用在折叠手机、柔性太阳能电池等诸多高技术领域。“手撕钢”带动了高端制造原材料的变革，太钢精密带钢公司软态箔材产品生产量逐步增加。段浩杰说，“作为新时代的青年，我们要坚守产业报国初心，勇担大国重器使命，坚持走创新发展之路，努力打造更多自主知识产权的高精尖产品。”

（资料来源：网络）

2.3 合金钢在不同热处理状态下的组织

2.3.1 实验目的

（1）认识几种常用钢的热处理组织；

（2）了解合金元素对钢过热敏感性的影响；

（3）培养动手能力和团队协作能力，理论联系实际分析问题的能力。

2.3.2 合金钢热处理概述

晶粒大小对金属材料的力学性能和工艺性能影响很大。因此，晶粒度是表示材料性能的一个重要特征。钢材加热时形成奥氏体晶粒，它的大小对钢材性能有很大影响。例如：粗大的奥氏体晶粒冷却后得到粗大的转变产物，其塑性、韧性比细小的奥氏体晶粒差。奥氏体晶粒过分粗大，钢件易于在淬火时变形、开裂。所以，生产中常需要测定奥氏体晶粒的大小。

奥氏体晶粒大小的测定包括两个步骤：奥氏体晶粒的显示和奥氏体晶粒尺寸的测定或评级。本实验用直接腐蚀法显示奥氏体晶粒，用比较法评定奥氏体晶粒的大小。

绝大多数的钢在高温下才存在奥氏体相。当冷却时，就会转变成其他相，因此，要设法将高温状态的奥氏体晶粒轮廓在室温下重新显示出来。

氧化法就是把钢加热到奥氏体状态，保温一定时间，使试样表面氧化。由于晶界比晶粒内具有更大的化学活性，在氧化气氛中加热的钢材，它的奥氏体晶界较晶粒内部更易于氧化，也即晶界处氧化较深，经过这样的处理，冷却后细心磨制，磨去试样表面氧化层，而保留晶界上的氧化物，再经过抛光、浸蚀，就能在显微镜明场照明下显示出氧化的晶界。

直接腐蚀法就是选用合适的腐蚀剂，对于某种钢材也能借浸蚀显示原奥氏体晶界；比较法评定晶粒大小简单方便，是生产上常用的方法。它是放在100倍的显微镜下观察奥氏体晶粒，与原冶金工业部颁布的YB 27—64标准晶粒级别图相比较以确定其大小。

在显微镜下观察时，若奥氏体晶粒大小不均匀，应估计出不同大小晶粒在视场中各占面积的百分比。若占优势的晶粒所占面积≥90%，就可只记录这种晶粒级别。否则应该用不同级别来分别表示钢的晶粒度，例如：8级（75%），4级（25%）。不同放大倍数下晶粒度的比较参照表2-10。晶粒度大小评级示意图，如图2-12所示。

表2-10　不同放大倍数下晶粒度的比较

放大倍数	晶粒度级别							
100倍	5	6	7	8	9	10	11	12
400倍	1	2	3	4	5	6	7	8

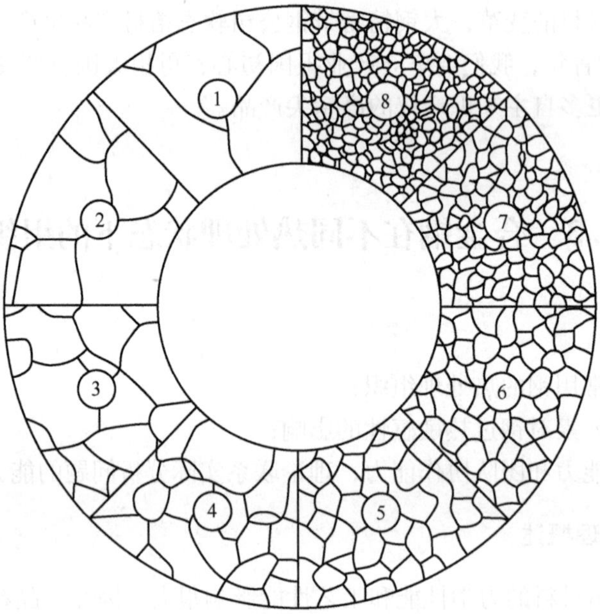

图2-12　晶粒度大小评级示意图

加热时奥氏体晶粒越细小，回火后综合力学性能也越好。因而，在钢中经常有意识地加入某些合金元素，以减低钢在加热过程中奥氏体晶粒的长大倾向（即过热敏感性）。按对晶粒长大倾向的影响程度合金元素可大致分为四类：第一类强烈阻止奥氏体晶粒长大倾向的元素有V、Ti、Nb、Zr、Al（少量）等；第二类中等阻碍奥氏体晶粒长大倾向的元素有W、Mo、Cr等；第三类阻碍奥氏体晶粒长大倾向较弱的元素有Si、Co、Ni、Cu等；第四类促使奥氏体晶粒长大倾向的元素有P、Mn等。

2.3.3　实验设备与材料

（1）实验设备。

箱式电阻炉及控温仪表、砂轮机、洛氏硬度计、抛光机和金相显微镜等。

（2）实验材料。

40、40Cr、40CrNiMo、T10A、9SiCr 和 CrWMn。

2.3.4　实验内容与方法

（1）实验内容：

1）将所给试样进行淬火，测其硬度，并制备金相试样；

2）比较法评定奥氏体晶粒大小；

3）分析合金钢不同热处理后组织粗细的原因。

（2）实验方法：

1）每人领取试样一块；

2）将试样分别放入温度不同的电炉内加热（加热温度见表 2-11），保温后取出试样进行淬火；

表 2-11　不同钢种的淬火加热温度

材料	淬火工艺					
	淬火温度/℃	冷却介质	硬度（HRC）	淬火温度/℃	冷却介质	硬度（HRC）
40	830			890		
40Cr	850			900		
40CrNiMo	860			910		
T10A	800			890		
9SiCr	860			900		
CrWMn	820			900		

3）将淬火后的试样磨制成金相试样，抛光后用饱和苦味酸水溶液和海鸥洗涤剂混合煮沸后冷却至一定的温度进行腐蚀；

4）将腐蚀后的试样在金相显微镜下放大 100 倍观察，并与标准的奥氏体晶粒度级别图比较。

（3）操作要点。

结果的正确性与操作有很大的关系，因此，操作过程要注意以下几点。

1）试样出炉后要快冷，避免铁素体呈块状析出而与奥氏体晶界混淆。试样出炉后快速冷却得到马氏体组织。

2）掌握合适的磨量。试样热处理后的磨去量是能否显示奥氏体晶粒的关键，磨去量太少，只能看见氧化膜；磨去量太多，会将氧化晶界全部磨掉。可以有意把试样表面磨成一个倾斜面，一部分表面呈光亮，一部分呈暗黑，这样在过渡区即可找到合适磨量的部位，经抛光、浸蚀后，在显微镜下观察此部位。

2.3.5　实验要求

（1）学生进入实验室前必须做好实验预习；认真阅读实验指导书，明确实验目的、任务、有关原理、操作的主要步骤、注意事项。

（2）实验过程中必须严格遵守操作规程及注意事项；自觉遵守实验室各项规章制度。

（3）实验报告中要求有实验名称、实验目的、实验设备。

（4）评定不同热处理规范钢的奥氏体晶粒的大小。

2.3.6 课程思政驿站 封头 09MnNiDR 的热处理工艺及性能（企业案例）

09MnNiDR 低温容器板（“D”和“R”分别代表“低”和“容”）的 C 含量（质量分数）约为 0.09%，此钢种能提高钢材强度，加强低温韧性，降低冷脆转变温度。Mn 元素（含量约为 1%，质量分数）可防止冷裂纹形成，焊缝具有较好的塑性和韧性。Ni（微量合金元素，一般含量在 0.3% 以上，质量分数）降低冷脆转折温度，细化铁素体晶粒，提高冲击韧性。但 Ni 扩大奥氏体元素，影响碳与合金元素的扩散速度，阻止奥氏体向珠光体转变，提高钢的淬透性，可能形成贝氏体及马氏体。控制 Ni 含量，保持单一的铁素体加珠光体结构，是改善韧性的关键。

09MnNiDR 钢板广泛应用于石油、化工领域，如脱乙烷塔、CO_2 吸收塔、中压闪蒸塔、冷却器、再吸收塔、压缩机机壳、丙烷低温储罐制造，锻压封头，以及低温压力容器制造等。

09MnNiDR 封头的压制热处理工艺如下。

（1）热成型：加热（940 ± 10）℃保温时间为 90 ~ 120 min。

（2）正火：（890 ± 10）℃保温时间为 150 ~ 180 min，出炉快速冷却。

（3）回火：620 ~ 650 ℃保温时间为 2 min/mm，出炉空冷。

锥形封头焊接试板、母材试板性能见表 2-12。

表 2-12 锥形封头焊接试板、母材试板性能

封头	类型	室温拉伸实验			冲击实验（-70 ℃，KV_2/J）			弯曲实验
		R_m/MPa	R_{eL}/MPa	A/%	1/2 处		1/4 处	
锥形封头	焊接试板	466、453、454、448		—	焊缝	243.3、268.2、274.6	289.5、282.6、271.8	—
					热影响区	277.1、272.9、289.7	339.5、244.7、272.9	
	母材试板	489	374	27.5	151.7、190.5、181.3		179.4，179.4，200.8	合格

（资料来源：太重（天津）滨海重型机械有限公司，高级工程师，逯瑶）

2.4 合金钢回火稳定性的测定

2.4.1 实验目的

（1）理解回火稳定性的概念；

（2）掌握回火稳定性与红硬性的关系；

（3）熟悉洛氏硬度的测定方法；

（4）锻炼分析问题和解决问题的能力，团队合作能力。

2.4.2 合金钢回火稳定性概述

回火稳定性是指马氏体抵抗回火软化的能力。提高回火稳定性作用较大的元素有 Ti、V、Mo、W、Cr、Si。回火稳定性好的合金钢可以在较高的温度下回火，可取得更好的塑韧性。与碳钢相比，合金钢在回火过程当中，如得到相同的强度，塑韧性更好；如得到相同的塑韧性，则强度更高。常用钢回火后硬度与回火温度的关系见表 2-13。

表 2-13 常用钢回火后硬度与回火温度的关系

钢号	淬火工艺		淬火硬度（HRC）	回火后硬度（HRC）与对应的回火温度②/℃						
	温度/℃	冷却介质①		30~35	35~40	40~45	45~50	50~55	55~60	>60
40Cr	840	油	>50	510	470	420	340	200	>160	
30CrMnSi	890	油	>45	530	500	430	340	180		
50CrV	860	油	>50	560	500	450	380	280	180	
42CrMo	840	油	>50	580	500	400	300		180	—
40CrNiMo	860	油	>50	580	540	480	420	320		
GCr15	840	油	>60	580	530	480	420	380	270	<180
9Mn2V	800	油	>60			500	400	320	250	<180
9SiCr	850	油	>60	620	580	520	450	380	300	200
CrWMn	850	油	>60	600	540	480	420	350	280	170
Cr12MoV	950~1040	油硝盐	>58	740	670	620	570	530	380	<180
5Cr08MnMo	840	油	>50	580	520	470	380	250	<200	
5Cr06NiMo	850	油	>50	640	550	450	380	280	<200	
5CrW2Si	860~890	油	>55	570	480	420	360	<300		
3Cr2W8V	1050~1100	水	>55		700	630	540	<200		
20Cr13	980~1050	油空冷	>55	560	520	450	<400			
30Cr13	980~1050	油空冷	>55	600	570	540	<500			
40Cr13	980~1050	油空冷	>55	610	580	550	500	<400		
95Cr18	1040~1070	油	>55				580	530	220	<150
42Cr9Si2	950~1070	油	>55		670	600	540	480	1 420	<300

① 冷却介质水是指 5%~10% NaCl 水溶液；
② 回火温度根据硬度要求的中值偏上而定。

2.4.3 实验设备与材料

（1）实验设备。

箱式电阻炉及控温仪表、砂轮机、洛氏硬度计等。

（2）实验材料。

T10A、9SiCr、CrWMn 和 Cr12MoV。

2.4.4 实验内容与方法

（1）实验内容。

将所给材料制成试样，加热到淬火温度进行淬火，然后按回火温度规范表进行回火，并测试每块试样的硬度，画出几种钢回火温度-硬度变化曲线，根据实验结果讨论合金元素对回火稳定性的影响规律。

实验材料为T10A、9SiCr、CrWMn和Cr12MoV，材料的成分见表2-14。

表2-14 材料成分表

材 料	成分（质量分数）/%						
	C	Cr	W	Mn	Mo	V	Si
T10A	0.95～1.04			0.15～0.30			
9SiCr	0.85～0.95	0.9～1.25		0.30～0.60			1.20～1.60
CrWMn	0.90～1.05	0.90～1.20	1.20～1.60	0.80～1.10			
Cr12MoV	1.45～1.75	11.0～12.5		≤0.35	0.40～0.50	0.15～0.30	

（2）实验方法。

1）按试样规格，ϕ15 mm×20 mm切割试样；

2）自己制定淬火保温时间，首先按表2-15对应试样进行淬火，测其硬度，之后对已淬火的试样进行不同温度的回火（回火保温时间均为2 h），并测定每一回火温度下的硬度，填入表2-15。

表2-15 淬火和回火温度规范表 （℃）

钢号	淬火工艺			回火后硬度（HRC）							
	加热温度	冷却介质	硬度（HRC）	150	200	250	300	350	400	510	560
T10A	790										
9SiCr	860										
CrWMn	820										
Cr12MoV	980										
	1050										

2.4.5 实验要求

（1）学生进入实验室前必须认真阅读实验指导书做好实验预习，明确实验目的、任务、有关原理、操作的主要步骤、注意事项。

（2）实验过程中必须严格遵守操作规程及注意事项；自觉遵守实验室各项规章制度。

（3）实验报告中要求有实验名称、实验目的、实验设备。

（4）绘制各钢回火温度-硬度变化曲线。

（5）据实验结果讨论合金元素对回火稳定性的影响规律。

2.4.6 课程思政驿站 金属材料专家周志宏院士

周志宏（1897 年 12 月 28 日—1991 年 2 月 13 日），江苏丹徒人，冶金与金属材料专家。中国金属学与金属热处理的带头人之一，中国合金钢与铁合金生产的奠基人之一。20 世纪 30 年代初，周志宏在上海炼钢厂将 15 t 酸性平炉改为碱性平炉，并利用江南造船厂废置的 1 t 电炉，生产出了高质量的炮筒、炮弹壳、枪筒等用钢。同时还在国内首次用铸造法生产出了自 60 ~ 800 kg 等不同规格的炸弹弹壳（国外一般用压延法制造）。他为了提高合金钢产品质量，曾在合金成分配置、减少杂质和产品质量检验上花了很多精力。20 世纪 50 年代初，奥地利发明了氧气顶吹转炉，中国部分有识之士对此极为重视，周志宏也是其中之一，曾撰文介绍氧气顶吹转炉的优越性。周志宏及其同事在开拓中国合金钢及铁合金方面做出了重要贡献，尤其是试制钨粉和高速钢、高合金工具钢，试制钨铁，均填补了 40 年代国内的空白。

1930 年，周志宏研究成功了中国最早的大型铸锻件，完成了钱塘江大桥的桥梁桥座的铸造和加工任务。1949 年后，他研制了少含、不含镍和铬的滚珠轴承钢。1960 年，他首先提出了氧气顶吹转炉炼钢法，并在工厂生产中得到应用。1978 年他又提出了顶底双吹氧转炉炼钢法。

周志宏一生中为中国钢铁冶金研究和人才培养做出了重大贡献。

（资料来源：百度网）

2.5 高速钢组织观察

2.5.1 实验目的

（1）熟悉热处理工艺对高速钢组织、性能的影响，了解合金元素在高速钢中的作用；

（2）识别高速钢不同状态下的金相显微组织，学会从材料微观组织分析材料工艺和性能；

（3）培养学生的民族自豪感。

2.5.2 高速钢概述

高速钢是由大量 W、Mo、Cr、Co、V 等元素组成的高碳、高合金钢。高速钢的主要性能特点是具有很高的红硬性，能在较高温度下保持高速切削能力和耐磨性，同时具有足够高的强度，并兼有适当的塑性和韧性。

高速钢中主要合金元素的作用如下：碳是为了和碳化物形成元素 Cr、W、Mo、V 等形成碳化物，并保证得到强硬的马氏体基体以提高钢的硬度及耐磨性。高速钢中加入 W、Mo、V、Cr 主要是形成 VC、W_2C、Mo_2C、$Cr_{23}C_6$，以及 Fe_3W_3C、Fe_4W_2C 等碳化物，这些碳化物硬度很高，它们在回火时弥散析出，产生二次硬化效应，显著提高钢的红硬性、硬度和耐磨性。高速钢中加入 Cr 主要是为了提高淬透性和耐磨性，也能提高钢的抗氧化性、脱碳和抗腐蚀能力。

高速钢由于含有大量的合金元素，属莱氏体钢，铸态组织和化学成分极不均匀，铸态组织由鱼骨状 Ld、中心黑色 $\delta_{共析体}$及白亮的 $M+\gamma'$所组成，如图 2-13（a）所示。高速钢的退火一般采用等温退火工艺，退火后的组织为在索氏体基体上分布着细小颗粒状的碳化物，如图 2-13（b）所示。

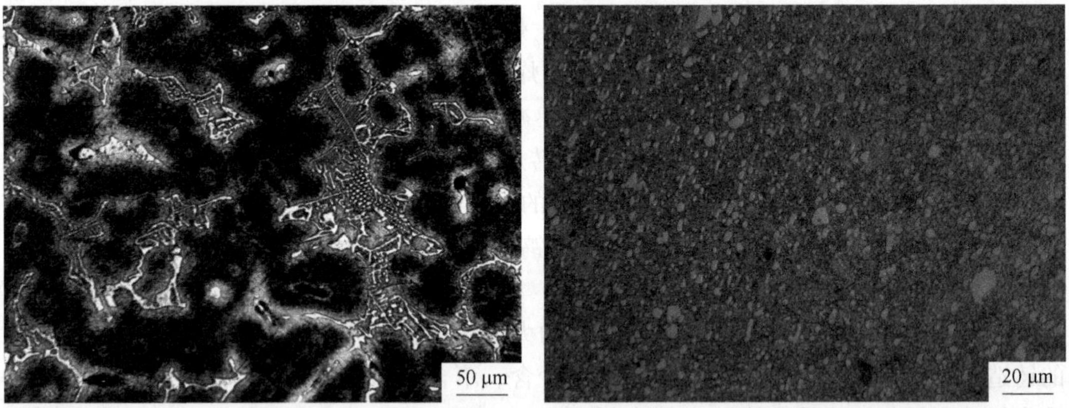

(a) (b)

图 2-13 高速钢组织图 1
（a）铸态；（b）锻造退火

高速钢淬火的最大特点是奥氏体化温度很高，为 1260 ~ 1280 ℃。主要是为使合金碳化物大量溶入奥氏体，以充分发挥碳和合金元素的作用。淬火后的组织为马氏体、残余奥氏体和未溶合金碳化物，如图 2-14（a）所示。高速钢回火温度为 560 ℃，因为在 500 ~ 600 ℃回火时会产生二次硬化效应，从而使高速钢具有很高的红硬性。高速钢淬火后残余奥氏体量多而且稳定，通常回火要进行三次，以便尽量多地消除残余奥氏体。回火后的组织为回火马氏体加颗粒状的合金碳化物及少量残余奥氏体，如图 2-14（b）所示。

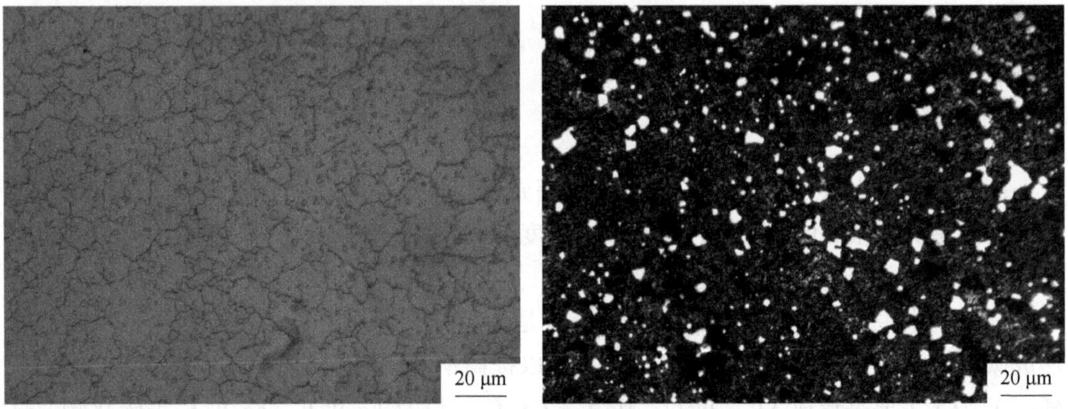

(a) (b)

图 2-14 高速钢组织图 2
（a）淬火；（b）三次回火

高速钢在热处理过程中也会出现非正常情况，如过热和过烧现象。图 2-15（a）为高速钢过热后金相组织图，由于高温导致合金碳化物在晶界处聚集；图 2-15（b）为高速钢热处理过烧后金相组织，黑色 $\delta_{共析体}$ 发生熔断现象。

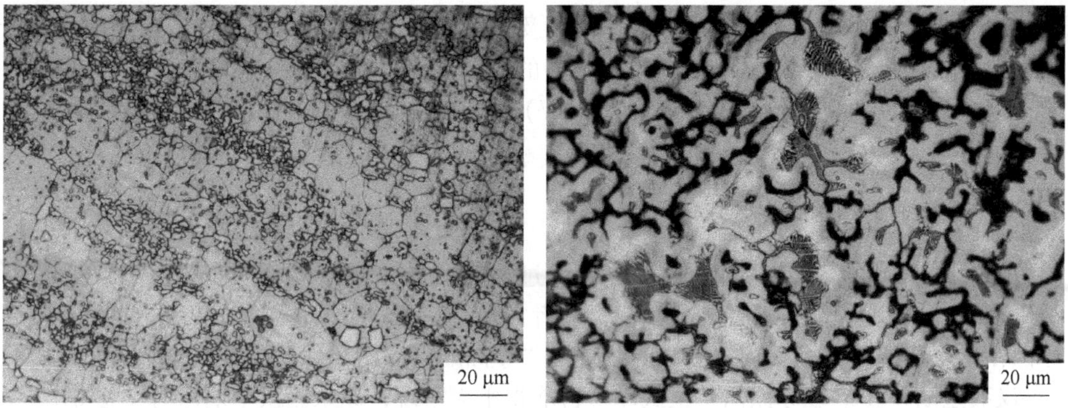

(a)　　(b)

图 2-15　高速钢组织图 3
（a）过热；（b）过烧

2.5.3　实验设备与材料

（1）实验设备。

箱式电阻炉及控温仪表、砂轮机、洛氏硬度计、抛光机和金相显微镜等。

（2）实验材料。

W18Cr4V 金相样品。

2.5.4　实验内容与方法

（1）实验内容。

1）制备正常淬火、过热淬火、过烧淬火金相样品，并在金相显微镜下观察组织。

2）做出回火温度与硬度的关系曲线。

3）观察实验室准备的高速钢的铸态、退火态、正常淬火、过热淬火、过烧淬火及回火样品，并画出各组织图。

（2）实验方法。

1）根据选用的材料，确定合适的淬火加热温度。

2）将试样分别进行正常淬火、过热淬火、过烧淬火，然后将上述试样制备成金相样品，并在金相显微镜下观察组织。

3）对上述正常淬火试件分别进行正常回火、回火不足处理，并做出回火温度与硬度的关系曲线。

4）观察实验室准备的高速钢的铸态、锻造退火态、正常淬火、过热淬火、过烧淬火及回火试样的金相组织。

2.5.5 实验要求

（1）学生进入实验室前必须做好实验预习；认真阅读实验指导书，明确实验目的、任务、有关原理、操作的主要步骤、注意事项。

（2）实验过程中必须严格遵守操作规程及注意事项，自觉遵守实验室各项规章制度。

（3）实验报告中要求有实验名称、实验目的、实验设备，整理数据表格，画出相应曲线。

（4）画出实验室所给高速钢（W18Cr4V）的铸态、锻造退火态、正常淬火、过热淬火、过烧淬火及回火试样的金相显微组织。

2.5.6 课程思政驿站 中国汉朝“炒钢法”

西汉时期，奔袭匈奴大获全胜的陈汤说过最有名的一句话是“明犯强汉者，虽远必诛”，其次就是“夫胡兵五而当汉兵一，何者?”这就是我们熟知的“一汉敌五胡”，其中原因在于汉军的刀兵弓弩装备更好。但后来“今闻颇得汉巧，然犹三而当一”，就变成了“一汉敌三胡”了。江苏徐州楚王武库考古取得重大发现，原来西汉早期已有“炒钢法”，随后就被大规模应用，这一点比欧洲早了1900年。北京科技大学冶金与材料史研究所对此研究结论是：西汉初期，中国钢铁技术正处于发展时期，淬火工艺、冷锻技术、炒钢制作均已使用。

所谓“炒钢法”，就是以生铁为原料，把生铁加热到液态或半液态，然后不断搅拌，并通过鼓风或者撒精矿粉等办法，让硅、锰、碳氧化，把含碳量降低到钢和熟铁的成分范围。在冶炼过程中，不断地搅拌犹如炒菜一样而得名“炒钢法”。炒钢技术在西汉的发明，是中国古代钢铁冶炼史上的里程碑。

炒钢之后，汉朝冶金技术又有重大进步，即“百炼钢”与“灌钢法”。成书于东汉中晚期的道家经典《太平经》，相传由神人授予方士于吉。其中一段记载“使工师击冶石，求其铁，烧冶之，使成水，乃后使良工万锻之，乃成莫邪耶”，即生铁脱碳“万锻”成钢，这应该是“百炼钢”的方法。所谓“百炼钢”，就是把炒钢反复锻打，每加热锻打一次称为一“炼”，以炼制成含杂质少而组织均匀的优质钢。东汉时期，“百炼钢”已经有一定工艺标准，有“三十炼”“五十炼”“百炼”的说法。山东苍山汉墓出土的一把环首钢刀，上面铭文为“永初六年五月丙午造卅炼大刀”，其中“卅炼”就是三十炼；徐州铜山汉墓出土一把钢剑，上面也有“五十炼”的铭文。显然，炼的次数越多，价值越高。与百炼钢大概同时出现的，还有一种“灌钢法”，最早记载出自王粲《刀铭》。“灌钢法”又叫团钢法或生熟法，就是以生铁和熟铁为原料，合炼而成钢的办法。两者合炼之后，里面的含碳量就介于生铁与熟铁之间。

（资料来源：百度网）

2.6 凝固条件对铸锭结晶组织的影响

2.6.1 实验目的

（1）掌握液态金属在不同铸型材料或同一材料不同厚度的铸型中结晶后的铸锭组织特点；

（2）研究液态金属的浇注温度和铸型温度对铸锭宏观组织的影响；
（3）初步掌握宏观组织及缺陷的分析方法；
（4）培养学生动手能力和团队协作能力。

2.6.2　金属的凝固概述

在实际生产中，液态金属是在铸锭模或铸型中凝固的，前者得到铸锭，后者得到铸件。虽然它们的结晶过程均遵循结晶的普遍规律，但是由于铸锭或铸件冷却条件的复杂性，给铸态组织带来很多特点。铸态组织包括晶粒的大小、形状和取向，合金元素和杂质的分布以及铸锭中的缺陷（缩孔、气孔、夹杂等）。对铸件来说，铸态组织直接影响到它的力学性能和使用寿命；对铸锭来说，铸态组织不但影响到其压力加工性能，而且还影响到压力加工后的金属制品的组织及性能。因此，应了解铸锭（铸件）的组织及其形成规律，并设法改善铸锭（铸件）的组织。

纯金属铸锭的宏观组织通常由三个晶区所组成，即紧靠模壁的外表层细晶区，垂直于模壁生长的次层柱状晶区和中心的等轴晶区，如图 2-16 所示。但在实际情况下，根据浇注条件的不同，铸锭中晶区的数目及其相对厚度可以改变，三个晶区的宽窄也随之发生变化，有时甚至只呈现两个或一个晶区。

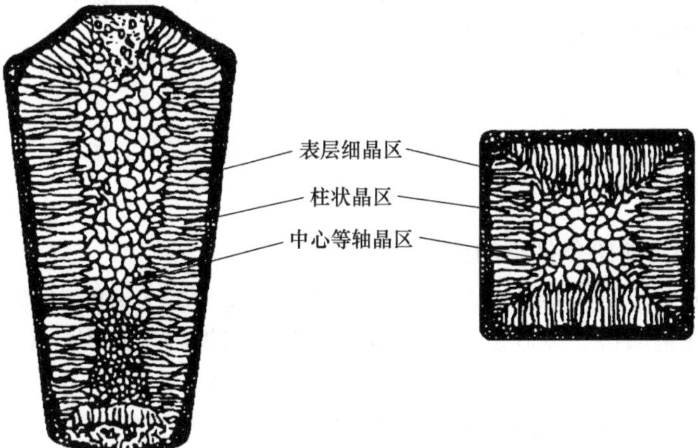

图 2-16　金属铸锭典型晶区示意图

金属铸锭组织的表层细晶区很薄，对铸锭（铸件）的性能影响不大；次表层沿不同方向平行延伸的柱状晶相邻处及相遇处，富集着易熔杂质与非金属夹杂物，形成铸锭脆弱的结合面，当铸锭进行锻轧加工时，常由这里开裂；中心等轴晶区无择优取向，晶粒之间紧密结合，有利于铸锭性能的提高。因此，除了一些塑性较好的有色金属为利用柱状晶内气孔和疏松较少的特性而希望获得柱状晶外，一般尽量限制柱状晶区的发展，以获得更多细小的中心等轴晶区。

生产上常通过改变以下结晶条件来控制三个晶区的宽窄和晶粒粗细。

（1）改变铸模的冷却能力。提高铸模的冷却能力，可使结晶过程中的温度梯度增大，加速柱状晶区的发展。但当铸模的冷却能力很大而体积又很小的时候，由于液态金属在较大的过冷度下结晶，液体金属中将产生大量晶核，以致获得全部细晶。如果降低铸模的冷却能力，会使温度梯度减小，则有利于中心等轴晶区的扩大。通常采用金属模代替砂模或增加金属模壁厚度的方法来提高铸模的冷却能力，采用将金属模预热，达到降低铸模冷却能力的目的。

（2）改变形核条件。在液态金属中加入变质剂，增加非均匀形核的核心，可使中心等轴晶区扩大并使晶粒细化，将液体金属加热到熔点以上即采用过热方式，将液态金属中难熔质点的“活性”去除，导致非均匀形核的核心数目减少，可获得较粗大的柱状晶区。

（3）改变液体的状态。加强液态金属在铸模中的运动（如应用电磁搅拌、机械振动、加压浇注等方法），一方面可以使生长的晶粒因破碎而细化，另一方面破碎的枝晶碎片又成为新的晶核，促使晶粒变细，从而有利于细等轴晶的发展。

本实验是通过观察不同的锭模材料、模壁厚度、模壁温度、浇注温度及用变质处理和搅动等方法浇注成型的铝锭的宏观组织，对铸锭/铸件的组织形成和影响因素进行初步探讨，并对金属研究中经常要采用的宏观分析方法进行初步实践。

2.6.3 实验设备与材料

（1）实验设备。

砂轮机（或锉刀），坩埚电炉及控温仪表，薄、厚壁金属模型、砂模，手锯、放大镜、金相砂纸（280 目和 320 目）等。

（2）实验材料。

工业纯铝。

2.6.4 实验内容与方法

（1）分小组铸出所给条件下的铸锭。

1）把纯铝放入石墨坩埚中，使其在电炉内熔化，液体铝的温度达到 720 ℃（或 820 ℃）时浇入冷金属模、冷砂模、热金属模（在箱式炉内预热 300 ℃），这样一共分五组（或十组）：

① 720 ℃铝液体浇入室温的金属薄壁模中；

② 720 ℃铝液体浇入室温的金属厚壁模中；

③ 720 ℃铝液体浇入预热的金属厚壁模中；

④ 720 ℃铝液体浇入冷砂模中；

⑤ 720 ℃铝液体搅拌注入金属厚壁模中；

⑥ 720 ℃铝液体加入 0.5% 变质剂（Al_2O_3）注入金属厚壁模中。

2）用热钳子从炉中取出盛有金属的坩埚浇入铸型中，当铸型中的液体金属凝固后，取出铸锭，然后用手锯将铸锭沿横断面锯开。

（2）将锯开的铸锭制作宏观试样。

1）用 280 目、320 目金相砂纸将锉平的试样横断面磨光；

2）用水将磨面冲洗干净，再用酒精除去水渍并吹干；

3）用王水浸蚀 3 ~5 min（王水：盐酸 3 份、硝酸 3 份）；

4）经过浸蚀的试样用钳子夹住在盛水的容器内洗净，然后在水龙头下冲洗并吹干；

5）观察铝铸锭的晶粒大小、形状及分布，并注意观察缩孔、气泡，树枝状晶的特征。

2.6.5 典型组织实例

工业纯铝不同浇铸条件下的铸锭组织宏观图如图 2-17 所示。

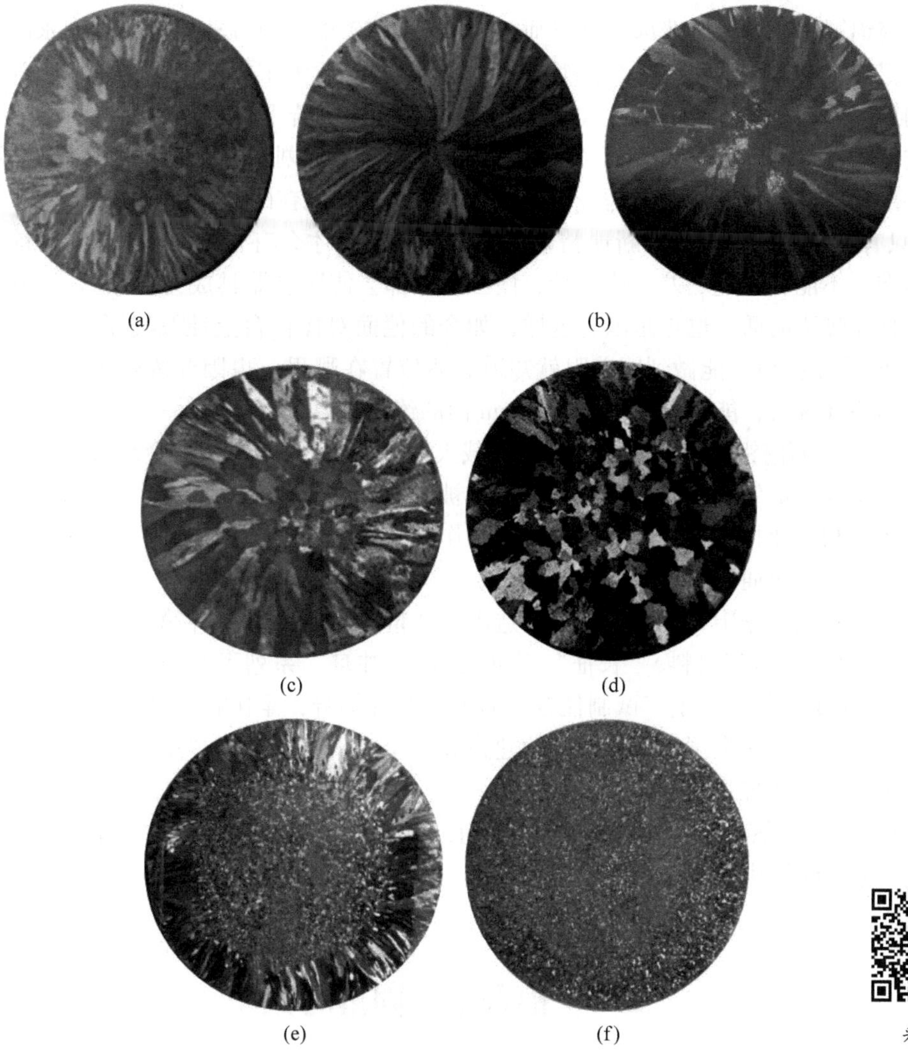

彩图

图 2-17 工业纯铝不同浇铸条件下的铸锭组织宏观图

（a）室温金属薄壁模；（b）室温金属厚壁模；（c）预热金属厚壁模；（d）室温砂模；（e）搅拌注入室温金属厚壁模；（f）室温金属厚壁模加入变质剂

2.6.6 实验要求

（1）学生进入实验室前必须做好实验预习；认真阅读实验指导书，明确实验目的、任务、有关原理、操作的主要步骤、注意事项。

（2）实验过程中必须严格遵守操作规程及注意事项，自觉遵守实验室各项规章制度。

（3）实验报告中要求有实验名称、实验目的、实验设备；简述实验步骤。

（4）绘出不同加热温度与冷却条件下铸锭宏观组织图，对实验结果进行分析，选择其中一个样品标出典型晶区。

2.6.7 课程思政驿站 西南铝业（集团）有限责任公司刘永刚的“世界第一环”

西南铝锻造厂模压制造部高级技师刘永刚是2020年全国劳动模范，经刘永刚锻造的产品，很多都是用在“上天”“下地”“入海”的国家重大工程上。说到这些，刘永刚总是特别地骄傲和自豪。36年来，刘永刚坚守机台，埋头苦干，从一名模压新手成长为国家级技能大师，大家称他为工人“院士”。在西南铝业，刘永刚已然是一个响亮的名字。但当兵出身的刘永刚说，他只是一名普通士兵，不过他现在的“战场”是机台。

“只有活到老学到老，不断地精益求精，锻造技术才会有长足的进步”“炉前的操作必须精准，不能有丝毫之差，快三秒、慢三秒，都会使所制器具成为废品。”这些都是刘永刚常挂在嘴边的话。也正是因为这样，如今的他面对操作台上涉及气压、水压、阀门、平衡等70多个按钮，能做到闭着眼就知道具体位置在哪里，也因此练就了在锻压直径长达几米的毛坯件时，能将误差控制在2 mm内的绝技。

2016年，西南铝业成功轧制出重型运载火箭用10 m级整体铝合金环件，这是刘永刚同研制团队在9 m级的基础上锻造成功的，被称作“世界第一环”。那一段时间，刘永刚带领着团队与专业技术人员起早贪黑、连班作业，“每天工作10 h以上，有时为了攻克一个技术难题，甚至通宵不合眼。”

在几十年的工作中，刘永刚不仅锻造出刷新世界纪录的“世界第一环”，还先后参与完成了C919大飞机新材料、“长征”系列火箭、“神舟”系列飞船、“嫦娥”工程、鲲鹏运-20铝合金锻件材料等生产试制任务。而他也荣誉加身：全国技术能手、重庆市第三届劳动模范、第十三届全国职工职业道德建设先进个人、第十二届“中华技能大奖”、2016年度十大“巴渝工匠”。

“我的岗位虽然平凡，但是干的活责任重大，唯有不断进取、精益求精，才能以技能报国。”这是刘永刚深植于心的工匠情怀。

（资料来源：网络）

2.7 铝合金的固溶时效

2.7.1 实验目的

（1）理解铝合金（LY12铝合金）固溶和时效处理对组织性能的影响；

（2）熟悉试样的制备过程（粗磨、精磨、抛光、侵蚀）；

（3）锻炼学生的动手能力，培养学生的科研兴趣。

2.7.2 铝合金固溶和时效概述

LY12铝合金属于Al-Cu-Mg系可热处理强化硬铝合金，综合性能较好，在航空航天工业中应用非常广泛。它有较高的强度和优良机械加工性能，是一种具有优良综合性能的有色金属材料，被广泛应用于现代汽车、航天工业、电子通信业、计算机业等领域。但是其抗蚀性差，容易产生晶间腐蚀。

2.7.2.1 固溶处理

固溶处理是一种热处理过程，用于改变材料的微观结构和性能。它通常用于金属合金，特别是固溶体合金，如铝合金和钛合金。固溶处理的目的是溶解合金中的固溶体形成一个均匀的固溶体溶液，以消除或减少固溶体中的析出相，从而改善合金的性能。固溶处理通过加热合金至固溶温度以上，使固溶体中的晶格缺陷（如间隙、位错等）增加，从而提高固溶体溶解能力。随后，在高温下保持一段时间，以确保固溶体达到均匀溶解。最后，通过快速冷却（淬火）或逐渐冷却至室温，固溶体中的溶质元素保持溶解状态，形成均匀的固溶体溶液。

加热温度、保温时间和冷却速度是固溶处理应当控制的几个主要参数。加热温度原则上可根据相应的相图来确定，上限温度通常接近于固相线温度或共晶温度，在这样高的温度下合金具有最大的固溶度且扩散速度快。但温度不能过高，否则将导致低熔点共晶和晶界相熔化，即产生过烧现象，引起淬火开裂并降低韧性。最低加热温度应高于固溶度曲线，否则时效后性能达不到要求。不同的合金，允许的加热温度范围可能相差很大，某些铜合金和合金钢的加热温度范围较宽，而大部分铝合金的淬火加热温度范围则很窄，有的甚至只有 ±5 ℃。

保温的目的是使合金组织充分转变到淬火所需状态。保温时间主要取决于合金成分、材料的预先处理和原始组织以及加热温度等，同时也与装炉量、工件厚度、加热方式等因素有关。原始组织细、加热温度高、装炉量少、工件断面尺寸小，保温时间就较短。

碳在奥氏体不锈钢中的溶解度与温度有很大影响。奥氏体不锈钢在 400 ~ 850 ℃的温度范围内时，会有高铬碳化物析出，当铬含量降至耐腐蚀性界限之下，此时存在晶界贫铬，会产生晶间腐蚀，严重时能变成粉末。所以有晶间腐蚀倾向的奥氏体不锈钢应进行固溶热处理或稳定化处理。

2.7.2.2 时效处理

铝合金时效，这一现象在材料科学领域中占据着举足轻重的地位。它描述的是铝合金在经过一定的加热或保温时间后，其内部的原子或分子的排列和结构发生变化，进而导致材料的力学性能和物理性能发生显著改变的过程。这一现象的发现和应用，对于优化材料性能、提升产品质量和推动相关产业的发展具有深远的影响。

在微观层面上，铝合金时效的发生源于原子或分子的重新排列。在高温或应力的作用下，合金内部的原子或分子的排列可能会出现混乱或产生缺陷。随着时间的推移，这些缺陷逐渐减少，原子或分子的排列趋向于更加有序，这使得铝合金的强度、硬度、弹性等关键性能得到显著提升。

在实际应用中，铝合金时效的应用领域极为广泛。在航空航天领域，铝合金是制造飞机机身和发动机部件的主要材料，这些部件需要具备出色的高强度和耐腐蚀性能。通过精准控制时效时间和温度等参数，工程师们能够优化铝合金的性能，确保飞行的安全性和可靠性。在汽车制造业，铝合金时效同样发挥着关键作用。汽车车身、底盘以及零部件的制造过程中，通过时效处理，可以显著提高材料的强度和硬度，从而提升汽车的耐用性和安全性。此外，在建筑领域，铝合金时效对于门窗等产品的性能提升也起着至关重要的作用。通过时效处理，门窗的强度和硬度得以增强，能够更好地抵御外力的冲击，延长使用寿命。

铝合金时效的原理与材料科学、物理学、化学等多个学科领域紧密相连。深入研究铝合金时效的机理和影响因素，对于新材料的研发、产品的性能提升以及产业的发展具有重大的理论意义和应用价值。未来，随着新材料、新技术的不断涌现和应用拓展，铝合金时效技术将发挥更大的作用，推动相关产业的技术进步和转型升级。同时，通过进一步深化跨学科的合作与交流，我们有望在铝合金时效领域取得更多的突破性成果，为人类社会的进步和发展做出更大的贡献。

2.7.3 实验设备与材料

（1）实验设备。

试样切割机、电阻炉、冷却水槽、硬度计、砂纸、抛光机、金相显微镜、双臂电桥电阻率测试仪和电阻箱等。

（2）实验材料。

LY12 铝合金棒材（直径为 12 mm）。

2.7.4 实验内容与方法

（1）试样准备。

选用直径为 12 mm 的 LY12 铝合金棒材，切割成长度为 180 mm 的 7 段均匀试样。留取一段试样做原始对照组。

（2）固溶处理。

将剩余 6 段试样放入电阻炉中，在 540 ℃下保温 90 min 的时间，使合金元素充分溶解在基体中，形成均匀的固溶体。确保样品温度达到均匀固溶状态。将固溶处理后的试样迅速取出，放入冷却水槽中迅速冷却至室温。确保试样冷却过程快速而均匀。留取一段试样做固溶对照组。

（3）时效处理。

将固溶处理后的试样放入电阻炉中，在时效温度下（190 ℃）分别保持 2 h、4 h、6 h、8 h、10 h，使合金元素在基体中形成沉淀相，从而提高材料的强度和硬度。时效处理结束后，将试样取出，置于室内空冷，使试样均匀冷却至室温。

（4）硬度测试。

采用布氏硬度计对全部试样进行硬度测试。

（5）组织观察。

对全部试样进行精磨、抛光，并置于显微镜下观察其微观组织变化。

（6）电阻率检测（选做）。

使用双臂电桥电阻率测试仪、电阻箱等对全部试样电阻进行检测，并计算电阻率。

2.7.5 实验要求

（1）学生进入实验室前必须认真阅读实验指导书做好实验预习，明确实验目的、任务、有关原理、操作的主要步骤、注意事项。

（2）实验过程中必须严格遵守操作规程及注意事项，自觉遵守实验室各项规章制度。

（3）简述实验步骤，分析固溶和时效处理对铝合金组织和性能的影响。

2.7.6 课程思政驿站 6061 铝合金的固溶处理（科研案例）

内蒙古工业大学杜赵新、巩天浩课题组采用富铈稀土与 Al-Ti-B 直接复合添加的方式对 6061 铝合金进行改性，研究发现适量 Al-Ti-B 与 Ce、La 元素按照一定比例添加时能够发挥协同作用更加促使合金晶粒细化。同时 Ce、La 元素与 Si 等元素结合形成稀土相，改善析出相的形态及分布，减弱 β-Fe 相对合金组织与力学性能的危害。但当稀土含量过多时，一方面，本应该形成 Mg_2Si 相的一部分 Si 元素会被过多的 Ce、La 元素抢夺而导致强化相减少，另一方面，较多数量或较大尺寸的稀土相容易成为裂纹源，不利于合金组织的改善和性能的提升。富铈稀土与 Al-Ti-B 复合添加的形式能够在保证合金强度的同时显著提升 6061 铸态合金的塑性。采用复合添加比例为 Al-Ti-B 与 RE 的比例为 2∶1 制备得到的新型 6061-RE 铝合金，其铸态状态下和经过均匀化热处理后的平均伸长率相较原始 6061 铝合金分别增长了 50% 与 45%，这将有利于合金后续的变形加工。这种 6061-RE 铸态铝合金，经 540 ℃/h 固溶与 180 ℃/5 h 时效热处理后，析出大量针状 Mg-Si 相，其平均极限抗拉强度与屈服强度分别达 313.2 MPa 与 283.1 MPa，相较实验中的原始铸态 6061 铝合金平均分别提升 12.3% 与 14.5%，伸长率平均提升 41%。

各组合金经过固溶和时效热处理后的背散射电子图像如图 2-18 所示。

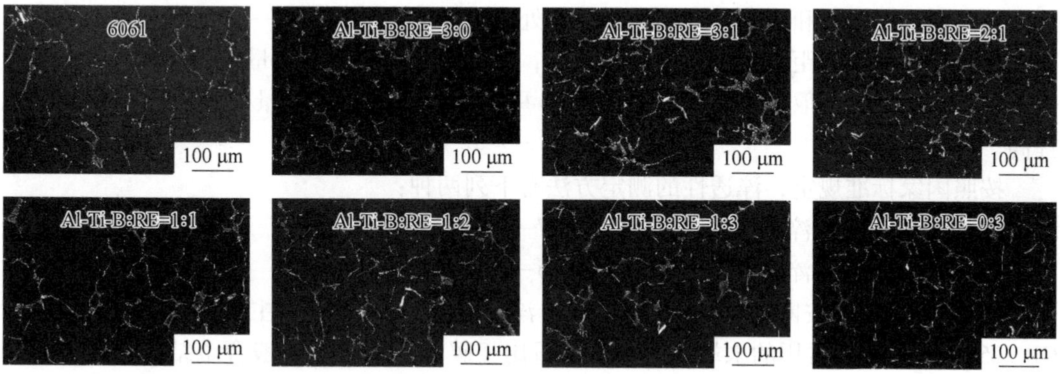

图 2-18 各组合金经过固溶和时效热处理后的背散射电子图像

（资料来源：Chong Yufan, Du Zhaoxin, Gong Tianhao, et al. Effects of cerium-rich rare earth and Al-Ti-B composite additions on microstructure and mechanical proper-ties of Al-Mg-Si alloys [J]. Rare Metal Materials and Engineering, 2022, 51 (3): 403-415.）

3 金属材料综合实验

3.1 合金元素对材料组织和性能的影响

3.1.1 实验目的

（1）学会末端淬火法测定钢的淬透性曲线的方法；

（2）分析合金元素对组织和性能的影响；

（3）培养理论联系实际的能力，锻炼动手能力和团队协作能力。

3.1.2 淬透性概述

淬透性是钢材的一种热处理工艺性能，所谓钢的淬透性就是指钢在淬火时能够得到淬硬层深度的能力，通常用淬透性曲线来表示。钢的淬硬层越深，表明淬透性越好。淬透性的大小对钢的性能和用途有着重要的实际意义，在机械工业中，钢的淬透性已成为机械设计中合理地选择钢材和生产上正确地制定热处理工艺的主要依据之一。通常由钢的表面向里深入半马氏体区的距离当作淬硬层的深度，并以这个深度作为衡量淬透性的标准。半马氏体组织的硬度主要取决于钢的含碳量，半马氏体的硬度随碳含量的增加而有规律性地提高。

按照国家标准规定，淬透性的测定方法有下列两种：

（1）碳素工具钢淬透性实验法（GB 227—63）；

（2）结构钢末端淬透性实验法（GB 225—63）。

GB 227—63 是按断口状态来评定钢的淬透性的一种方法，主要用于碳素工具钢。GB 225—63 即是最常用的末端淬火法，它适用于碳素结构钢和一般合金结构钢。下面对末端淬火法加以介绍。

3.1.2.1　*末端淬火法原理*

将一个圆柱形试样加热至规定的淬火温度，然后对试样的末端喷水冷却进行淬火，如图 3-1（a）所示。

由于试样仅末端淬火，所以整个圆柱体沿长度方向由下而上冷却速度逐渐减小。如图 3-1（b）所示，显然末端的冷却速度最大（大于 $V_{临}$），其组织应为马氏体，随后为屈氏体，再逐步过渡到原始组织。其硬度也相应逐渐降低。由此可以建立以硬度（HRC）为纵坐标，以距离为横坐标的关系曲线即淬透性曲线，如图 3-1（b）所示。根据淬透性曲线的特征就可以判定钢的淬透性。

3.1.2.2　*试样*

按照标准，试样尺寸为 $\phi25$ mm × 100 mm，离试样顶端 3 ~ 5 mm 处的直径为 28 ~

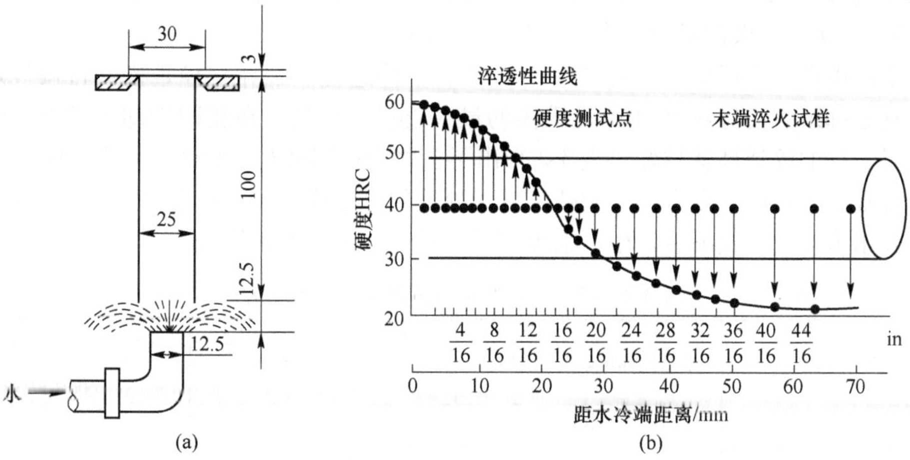

图 3-1　末端淬火法

（a）末端淬透性实验示意图；（b）钢淬透性曲线的测定

30 mm，以供淬火时悬挂试样之用。若没有条件制作标准试样时也可采用 ϕ20 mm（顶端为 ϕ25 mm）或 ϕ12 mm（顶端为 ϕ17 mm）的试样，但长度保持不变仍为 100 mm。

3.1.2.3　加热

试样应在温度准确的箱式电炉中加热，淬火温度根据钢的成分确定，保温时间一般不少于 30 min。加热时为防止试样末端发生氧化脱碳现象，可将试样放在保护管内，并在管底铺上一层石墨粉或铸铁屑。试样悬挂在管内，并使末端与石墨粉之间保持一定距离。

3.1.2.4　淬火

在末端淬火设备上进行，操作要点如下：

（1）实验前，先根据试样的直径参照表 3-1 中的数据调整实验设备；

（2）加热试样，经保温后即由炉内取出迅速放入悬挂支架孔中；

（3）喷水冷却淬火。

表 3-1　末端淬火实验的主要调整数据

试　样			保温时间/min	喷水口直径/mm	水柱自由高度/mm	喷水口至试样端面距离/mm
直径/mm	头部直径/mm	长度/mm				
25	30	100	30	12.5	65 ± 5	12.5
20	25	100	30	12.5	65 ± 5	12.5
12	17	100	15	6	100 ± 5	10

3.1.2.5　硬度测定及淬透性表示法

将淬火后的试样沿圆柱表面纵向相对的两边各磨去 0.3 ~ 0.5 mm 的深度，以获得相互平行的两平面，便于测定硬度。试样的磨制过程中要进行冷却，以免试样产生回火而影响硬度的测量。

硬度测量时应将试样放在“V”形试样台上，沿试样磨制平面的中心线进行测量。由试样水冷端（即末端）起，每隔 1.5 mm 测量一次，当硬度值下降趋于平稳时，可每隔 3 mm 测量一次。一般测量至离水冷端 30 ~ 40 mm 即可。

在生产中也常用所谓临界直径（D_c）来表示淬透性。临界直径是指钢材按规定条件淬火后其心部组织恰好获得 50% 马氏体的最大直径。显然，在相同冷却条件下，临界直径越大时，钢的淬透性就越好。表 3-2 列出了一些常用钢种在水和油中淬火的临界直径。

掌握临界直径的数据有助于判断工件热处理的淬透程度，为正常制定热处理工艺提供必要的技术依据。在机械设计中，临界直径也具有一定的参考价值。

表 3-2　部分常用钢种的临界淬透直径（D_c）

钢　号	半马氏体区硬度（HRC）	20 ~ 40 ℃水中 D_c/mm	20 ~ 40 ℃水中 D_c/mm
		$L/D = 6$	$L/D = 6$
35	38	8 ~ 13	4 ~ 8
45	42	13 ~ 16	5 ~ 9
60	47	11 ~ 17	6 ~ 12
40Mn2	44	55 ~ 62	32 ~ 46
65Mn	53	25 ~ 30	17 ~ 25
20Cr	38	12 ~ 19	6 ~ 12
40Cr	44	30 ~ 38	19 ~ 28
40MnB	44	50 ~ 55	28 ~ 40
40MnVB	44	60 ~ 76	40 ~ 58
35SiMn	43	40 ~ 46	25 ~ 34
60Si2Mn	52	55 ~ 62	32 ~ 46
30CrMnTi	41	40 ~ 50	23 ~ 40
38CrMoAl	44	100	80

注：L—工件长度；D—工件直径。

3.1.3　实验设备与材料

（1）实验设备。

箱式电炉、端淬机、砂轮机、洛氏硬度计、游标卡尺、光学金相显微镜。

（2）实验材料。

标准端淬试样（45 钢或 40 钢，40Cr 钢）、试样钳。

3.1.4　实验内容与方法

（1）实验内容。

1）每班分若干组，每组以 2 人为宜，分别领取试样。

2）测量试样的尺寸，并根据钢种制定热处理工艺。

3）调整末端淬火设备，做好淬火前的准备。

4）按照规定温度加热及淬火。

5）将淬火后的试样两侧各磨去 0.3 ~ 0.5 mm。

6）按规定测量硬度（HRC），并将所测得的数据填入表3-3中。

7）绘制出淬透性曲线。

表3-3 测得的淬透性实验数据

距水冷端距离/mm		1.5	3	4.5	6	7.5	9	12	15	18	21	…	45
硬度值（HRC）	45钢												
	40Cr钢												

（2）实验步骤。

1）准备实验材料，45钢或40钢、40Cr钢（标准端淬件）。

2）工艺确定，通常端淬温度：45钢为860 ℃，40Cr钢为880 ℃。略高一些，防止样品在移动时降温。

3）硬度测定，在砂轮机上将端淬样品打磨一个平台，每隔1.5 mm测量硬度。

4）组织观察，观察并拍摄两种材料典型部位的组织图片。包括马氏体区、半马氏体区和心部组织。

5）实验数据分析，得出实验结论。

3.1.5 实验注意事项

（1）支架必须擦干，并尽量靠近加热炉；

（2）由炉中取出试样时动作要迅速，放入支架孔中后立即喷水冷却。淬火时间一般为10～15 min；

（3）喷出的水柱应只与试样端部表面接触，而不应喷在圆柱体侧面上，水箱中的水压应保持稳定，以保证喷出的水柱高度基本不变，冷却均匀；

（4）在磨制试样两侧平面时要及时冷却，以防产生回火现象，影响硬度测定的准确性；

（5）每次取试样时，炉门打开的时间不要过长，以免温度下降过多，影响下一步操作；

（6）操作时应明确分工，相互配合，动作要协调，以保证整个操作过程的顺利完成。

3.1.6 实验要求

（1）学生进入实验室前必须做好实验预习，认真阅读实验指导书，明确实验目的、任务、有关原理、操作的主要步骤、注意事项。

（2）实验过程中必须严格遵守操作规程及注意事项，自觉遵守实验室各项规章制度。

（3）实验报告中要求有实验名称、实验目的、实验设备。

（4）简述末端淬火法的实验原理和方法。

（5）绘制出45（或40）钢和40Cr钢的淬透性曲线。分析实验中存在的问题。

3.1.7 课程思政驿站 周军——“热”与“冷”的匠心淬炼

周军，金属热处理技师，江阴凯鑫装备科技有限公司生产技术部部长。在水、油、高温的组合空间里，铸匠魂、守匠情、践匠行，淬炼匠心、格物致知，以技艺为骨，以匠心为魂，根植于自己心中精益求精的工匠精神，刻苦钻研金属热处理工艺技术，恣意地抒发着热爱职业的情怀。

淬火的过程像是一组轰轰烈烈的作战画面：金属工件经高温加热后，人工进行冷却，冷却后再加热，操作流程繁复而冗长，需要前赴后继。锚具淬火提质的过程，需要每一位热处理工精密配合。在酷暑天，气温常常在35 ℃以上，当锻件从炉子中被吊出的那一刻，整个车间瞬间变为“蒸笼”，让这个平日里本来就十分炙热的岗位更具挑战性。如果非专业人士走进热处理车间，燥热是最直接的感受，时刻大汗淋漓，难以坚持。但周军在这个岗位上一干便是25 年。2001 年，周军所在车间的老工程师跳槽，重担一下子落在了周军的肩上。他发挥出最大的潜能，攻关一项项难题，摸索一个个项目，与工友们一起加班、一起吃住。他说：“我们肩上扛着责任，不能有半点马虎。现在都说工匠精神，我觉得我们做好本职工作就是践行工匠精神。”周军的多项攻关创新成果，都来自无数次的精细琢磨和全新尝试。所有的刻苦努力、所有的智慧和付出聚集起来，方能组成金属热处理技术的坚牢基座。

（资料来源：网络）

3.2 渗碳时间对渗碳层厚度的影响

3.2.1 实验目的

（1）熟悉渗碳过程，掌握固体金属中扩散的基本规律，了解影响扩散的主要因素；

（2）学会根据相图分析反应扩散后形成的组织；

（3）培养分析问题和解决问题的能力，锻炼动手能力和团队协作能力。

3.2.2 钢的渗碳概述

将金属工件放入含有某种活性原子的化学介质中，通过加热使介质中的原子扩散渗入工件一定深度的表层，改变其化学成分和组织并获得与心部不同性能的热处理工艺称为化学热处理。和表面淬火不同，化学热处理后的工件表面不仅有组织的变化，也有化学成分的变化。可以说，钢的化学热处理即是改变钢的表层化学成分和性能的一种热处理工艺。化学热处理后的钢件表面可以获得比表面淬火所具有的更高的硬度、耐磨性和疲劳强度；心部在具有良好的塑性和韧性的同时，还可获得较高的强度。化学热处理是利用化学反应、有时兼用物理方法改变钢件表层化学成分及组织结构，以便得到比均质材料更好的技术经济效益的金属热处理工艺。由于机械零件的失效和破坏大多数都萌发在表面层，特别在可能引起磨损、疲劳、金属腐蚀、氧化等条件下工作的零件，表面层的性能尤为重要。经化学热处理后的钢件，实质上可以认为是一种特殊复合材料。心部为原始成分的钢，表层则是渗入了合金元素的材料。心部与表层之间是紧密的晶体型结合，它比电镀等表面复护技术所获得的心、表部的结合要强得多。因此，化学热处理工艺已获得越来越广泛的应用。

化学热处理的一般过程通常是由分解、吸附和扩散三个基本过程组成的。分解是在一定温度下从渗剂中分解出含有被渗元素“活性原子”的过程。化学热处理种类很多，根据渗入元素的不同，可分为渗碳、渗氮（化）、碳氨共渗多元共渗、渗硼、渗金属等。其中渗碳是应用最广泛的化学热处理方法。

渗碳是将钢件放入渗碳介质中，在900~950 ℃加热保温，使活性碳原子渗入钢件表面并获得高碳渗层的工艺方法称为渗碳。齿轮、凸轮、活塞、轴类等许多重要的机器零件经过渗碳及随后的淬火并低温回火后，可以获得很高的表面硬度、耐磨性以及高的接触疲劳强度和弯曲疲劳强度。而心部仍保持低碳，具有良好的塑性和韧性。因此，渗碳可使同一材料制作的机器零件兼有高碳钢和低碳钢的性能，从而使这些零件既能承受磨损和较高的表面接触应力，同时又能承受弯曲应力及冲击负荷的作用。

渗碳工件的材料一般为低碳钢或低碳合金钢（含碳量小于0.25%）。渗碳后，钢件表面的化学成分可接近高碳钢。工件渗碳后还要经过淬火，以得到高的表面硬度，高的耐磨性和疲劳强度，并保持心部有低碳钢淬火后的强韧性。使工件能承受冲击载荷。渗碳工艺广泛用于飞机、汽车和拖拉机等的机械零件，如齿轮、轴、凸轮轴。渗碳根据所使用介质的物理状态，可以将渗碳分为气体渗碳、固体渗碳和液体渗碳三类。

气体渗碳是将工件装入密闭的渗碳炉内，通入气体渗剂（甲烷、乙烷等）或液体渗剂（煤油或苯、酒精、丙酮等），在高温下分解出活性碳原子，渗入工件表面，以获得高碳表面层的一种渗碳操作工艺；固体渗碳是将工件和固体渗碳剂（木炭加促进剂组成）一起装在密闭的渗碳箱中，将箱放入加热炉中加热到渗碳温度，并保温一定时间，使活性碳原子渗入工件表面的一种最早的渗碳方法；液体渗碳是利用液体介质进行渗碳，常用的液体渗碳介质有碳化硅、“603”渗碳剂等。碳氮共渗（氰化）又分为气体碳氮共渗、液体碳氮共渗、固体碳氮共渗。

渗碳工艺在中国可以上溯到2000年以前。最早是用固体渗碳介质渗碳。液体和气体渗碳是在20世纪出现并得到广泛应用的。美国在20世纪20年代开始采用转筒炉进行气体渗碳。20世纪30年代，连续式气体渗碳炉开始在工业上应用。20世纪60年代高温气体（960~1100 ℃）渗碳得到发展。至20世纪70年代，出现了真空渗碳和离子渗碳。渗碳工艺仍然具有非常重要的实用价值，原因就在于它合理的设计思想，即让钢材表层接受各类负荷（磨损、疲劳、机械负载及化学腐蚀）最多的地方，通过渗入碳等元素达到高的表面硬度、高的耐磨性和疲劳强度及耐蚀性，而不必通过昂贵的合金化或其他复杂工艺手段对整个材料进行处理。这不仅能用低廉的碳钢或合金钢来代替某些较昂贵的高合金钢，而且能够保持心部有低碳钢淬火后的强韧性，使工件能承受冲击载荷。因此，完全符合节能、降耗，可持续发展的方向。近年来，出现了高浓度渗碳工艺，与传统工艺在完全奥氏体区（温度在900~950 ℃，渗碳后表面碳质量分数为0.85%~1.05%）进行渗碳不同，它是在A_{c1}~A_{ccm}的不均匀奥氏体状态下进行，其渗层表面碳浓度可高达2%~4%。其结果可获得细小颗粒碳化物均匀、弥散分布的渗层。其渗碳温度降至800~860 ℃温度范围，可实现一般钢材渗碳后直接淬火；由于高浓度渗碳层含有很高数量（20%~50%）的弥散分布的碳化物，故显示出比普通渗碳更优异的耐磨性、耐蚀性，更高的接触与弯曲疲劳强度，较高的冲击韧度、较低的脆性及较好的回火稳定性。该工艺还具有适用性广、对设备无特殊要求等优点，具有较高的经济效益和实用价值，近年来在国内外获得竞相研究与开发。为了防止渗碳过程中奥氏体晶粒的粗化，一般都在钢材中添加适量的钛，通过形成碳氮化钛粒子钉扎晶界而阻止晶粒长大。国家标准规定渗碳钢中钛添加量（质量分数）为0.04%~0.08%。

本实验涉及固体渗碳。固体渗剂由一定颗粒度的木炭加碳酸盐混合而成。渗碳温度一般为900～930 ℃，渗碳保温时间视层深要求确定，常常需要十几个小时。固体渗碳加热时间长，生产率低，劳动条件差，渗碳层深度及质量不易控制，目前已逐渐为气体渗碳所代替。但固体渗碳不需专门设备，工艺简单，适宜单件或小批量生产。因此，即使是工业技术先进的国家也会使用固体渗碳工艺。

低碳钢（w(C)＝0.15%～0.25%）或低碳合金钢渗碳后，其渗层中含碳量是不均匀的，表面含碳量最高，由表层向心部含碳量逐渐降低，直至原始含碳量。因此渗碳缓冷组织表层为珠光体加二次渗碳体的过共析组织，往里是共析组织和亚共析组织的过渡区，直到原始组织，如图 3-2 所示。渗碳层深度按（过共析层＋共析层＋1/2 过渡区）计算。

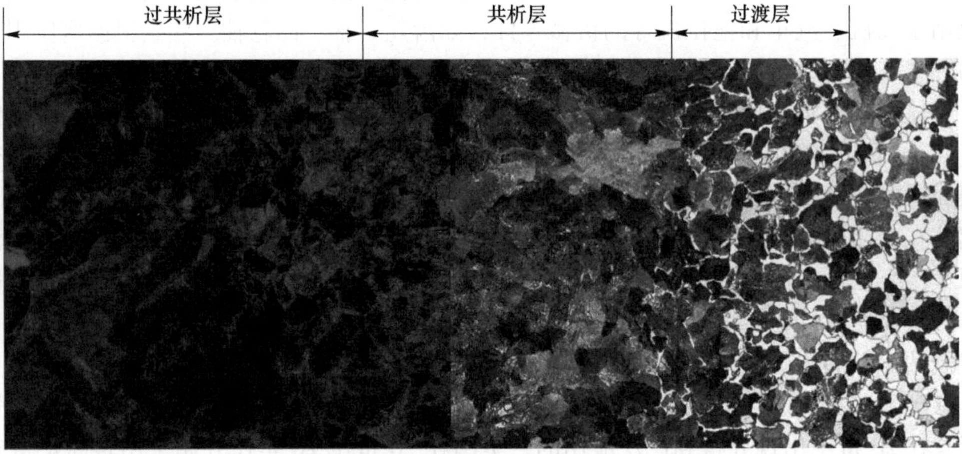

图 3-2　低碳钢渗碳组织图

（1）过共析渗碳区。这是渗碳零件的最表层，其碳浓度最高，在一般正常的渗碳工艺条件下这一区的碳含量（质量分数）为 0.8%～1.0%。因此渗碳零件在缓慢冷却到 $Fe\text{-}Fe_3C$ 状态图的 ES 线时，便首先沿原奥氏体晶界析出二次渗碳体，继续冷到共析温度，奥氏体发生共析转变成为珠光体，故过共析层在缓冷后的金相组织为珠光体和少量网状碳化物（Fe_3C_{II}）。渗碳层中碳化物的数量、形状及厚薄对渗层的性能有很大影响。表层过多的碳化物，特别是呈块状或粗大网状分布时，将使零件的疲劳强度、冲击韧性和断裂韧性等降低。因此，应对渗碳缓冷后渗层中的碳化物大小、形状、数量及分布等情况进行观察，以确定正确的渗碳或淬火工艺。

（2）共析渗碳区。紧接着过共析区的是共析渗碳区，这一层的碳含量（质量分数）约为 0.77%。当零件渗碳后缓冷至共析温度时，共析成分奥氏体将全部转变为片状珠光体。珠光体片间距取决于零件冷却速度，冷却速度越大，则珠光体片间距越小，硬度越高。

（3）亚共析过渡区。自渗碳零件表面向心部延伸，紧接着共析渗碳区的是亚共析渗碳区，其碳浓度随着离表面距离增加而减小，直至过渡到心部原始成分为止，故亚共析过渡区缓慢冷却后得到的金相组织为珠光体和铁素体的混合组织，越接近心部，铁素体量越多，而珠光体量越少。

（4）心部未渗碳区。这是渗碳零件原材料的组织区，对于低碳钢由铁素体和珠光体组成。应当指出的是，如果渗碳后空冷速度较快，将抑制先共析铁素体的析出，得到较多的伪共析珠光体组织，致使过渡区加深，影响渗碳层总深度测量的正确性。因此，渗碳后应当非常缓慢地冷却，才能获得较完全的平衡组织。

为了充分发挥渗碳层的作用，使零件表面获得高硬度和高耐磨性，心部保持足够的强度和韧性，零件在渗碳后必须进行热处理。对于本质细晶粒钢，通常渗碳后可预冷至火温度直接淬火，然后进行 180 ~220 ℃低温回火。预冷的主要目的是减少零件与火冷却介质的温差，减小淬火应力和变形。对于固体渗碳零件、本质粗晶粒钢渗碳后不能直接淬火的零件，也可从渗碳温度直接空冷后再次加热淬火，然后进行低温回火。渗碳件经淬火并低温回火后，表层组织为高碳细针状回火马氏体组织加细粒状渗碳体及少量残留奥氏体，硬度为 HRC 58 ~62。心部组织随钢种而异，低碳钢淬透性差，为铁素体加珠光体；低碳合金钢淬透性好，心部由低碳回火马氏体和少量铁素体组成。根据渗层组织和性能要求，一般零件表层含碳量最好控制在 $w(C)=0.85\%\sim1.05\%$，渗层厚度一般为 0.5 ~2 mm，渗层碳浓度变化应当平缓。

3.2.3 实验设备与材料

（1）实验设备及用具。

箱式电炉、砂轮机、抛光机、金相显微镜、洛氏硬度计、渗碳罐、测微尺和夹具等。

（2）实验材料。

纯铁或 10 钢或 20 钢、渗碳剂。

3.2.4 实验内容

（1）样品准备：将纯铁或低碳钢进行切割，试样长度以渗碳罐高度为参照，保证全部埋进渗碳剂。

（2）渗碳罐封装干燥：将样品放在渗碳罐中心，四周填充渗碳剂，之后用泥密封（注意高度防止超出炉膛尺寸），自然干燥。

（3）热处理：待泥干燥后放入热处理炉进行处理。学生自行制定热处理工艺，包括热处理温度和保温时间，保温结束后随炉子冷却至室温。根据实验要求，还可以对渗碳后的样品进行淬火和回火处理，热处理工艺自行制定。

（4）制样：取出样品切开或用砂轮机打磨掉一层，之后上夹具制备金相试样，进行组织与硬度的测试；可切割一半样品进行热处理，即淬火后回火处理，并测试其组织和硬度。

（5）组织及硬度测定：拍摄原始样品的组织和渗碳样品不同渗碳层的组织（过共析层 + 共析层 + 过渡层 + 心部），原始件淬火后的组织（低碳 M），试样渗碳后淬火的组织照片（M + 残余奥氏体、M + 残余奥氏体 + F，F + P、心部基体 F + P），原始件回火的组织照片（回火 M）以及渗碳件回火组织（回火 M + 二次渗碳体、回火 M、回火 M + F，F + P、基体 F + P）；测量渗碳层深度；测定原始样品、渗碳样品及热处理样品的硬度值。

（6）扩散层深度计算：根据各试样的金相组织确定不同渗碳时间下的扩散层深度，并填入表 3-4。

表 3-4 渗碳层深度值

样品	渗碳温度/℃	渗碳时间/h						
		渗层深度/mm						
		渗层深度/mm						

3.2.5 实验要求

(1) 学生进入实验室前必须做好实验预习，认真阅读实验指导书，明确实验目的、任务、有关原理、操作的主要步骤、注意事项；

(2) 实验过程中必须严格遵守操作规程及注意事项，自觉遵守实验室各项规章制度；

(3) 实验报告中要求有实验名称、实验目的、实验设备及材料、测试数据；

(4) 根据某一碳浓度随时间扩散的距离，绘制 x-t 曲线。

3.2.6 课程思政驿站 合金结构钢渗碳工艺（企业生产案例）

17Cr2Ni2Mo 是一种优质的渗碳钢，具有高的强度和韧性。主要用于制作齿轮、锥齿轮等传动件、减速器零件、蝶形轮、摩擦件等。它具有优良的淬透性和高温性能，适用于制造高强度的模具和汽车零部件，如传动轴和转向器零部件等。

工艺流程：清洗→风干→一次涂刷→风干→二次涂刷→装卡→烘干→入炉→渗碳→出炉，工艺曲线如图 3-3 所示。

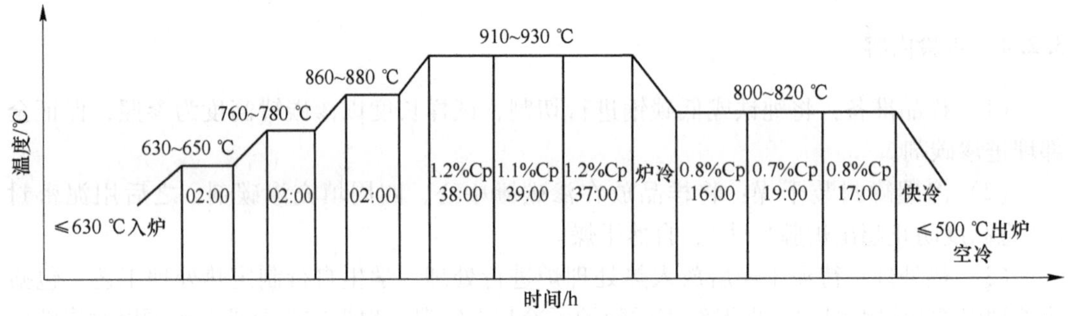

图 3-3 工艺曲线

工艺要求。

(1) 目标层深，7.0 mm（HV550），设备，井式渗碳炉。

(2) 升温过程中，温度高于 500 ℃时通入氮气，760～780 ℃时通入甲醇，860～880 ℃时通入丙酮，强渗碳势达到设定值 15 min 后走势，氧探头控制碳势。渗碳过程调节甲醇流量为 40～60 mL/min，氮气流量为 4.0～4.5 m^3/h，丙酮流量为 1～2 m^3/h，碳势波动范围控制在 ±0.05% Cp。

(3) 强渗稳定后第 2 h、12 h、22 h、32 h 定碳，扩散稳定后第 2 h、12 h 定碳，定碳结果与显示值不符合时调节碳势稳定 1 h 后定碳复检。

（资料来源：太重（天津）滨海重型机械有限公司，高级工程师，逯瑶）

3.3 合金元素对工具钢二次硬化的影响

3.3.1 实验目的

（1）能够分析 Cr、W、V 等合金元素对钢相变温度规律影响；

（2）掌握合金元素对工具钢的二次硬化影响机制；

（3）能够设计碳钢、高合金钢的淬火、回火工艺；

（4）能够快速高效完成实验，并选择合理的检测工具观察、获取相应实验结果；

（5）培养独立思考能力、团队协作能力以及分析问题、解决问题的综合能力。

3.3.2 钢的二次硬化现象

所谓二次硬化，是指某些淬火合金钢在500～650 ℃回火后硬度有所增高，在硬度-回火温度曲线上出现峰值的现象。当钢中含有强碳化物形成元素（如钒、钛、钼、钨、铬等），且其含量超过一定值时才会引起二次硬化；非碳化物形成元素（如镍和硅）和弱碳化物形成元素（如锰）都不能引起二次硬化。二次硬化本质上是由于合金碳化物的共格析出和弥散强化引起的。合金碳化物越稳定、越细小，造成的强化效果就越大。二次硬化效应在工业应用上有十分重要的意义，例如工具钢靠它可保持高的红硬性（指钢在高温下保持高硬度的能力），某些耐热钢靠它可维持高温强度，某些结构钢和不锈钢靠它可以改善热力学性能。

二次硬化现象是指添加碳化物形成元素，如 Cr、Mo、W、V、Nb 和 Ti 等的马氏体钢淬火后于400 ℃以上温度回火时出现的硬度增高或降低缓慢现象。也有人定义为在回火第四阶段析出合金碳化物。可见，造成这一现象的原因是特种合金碳化物析出。二次硬化现象的基本特征包括：

（1）硬度（强度）-回火温度曲线上有二次硬化峰，峰值对应的回火温度因添加的主二次硬化元素种类而异，峰值前后的硬度降低程度取决于添加的其他碳化物形成元素；

（2）冲击韧性，回火温度曲线上有两个冲击韧性谷值区。较高回火温度的冲击韧性谷值伴随有硬度降低。后来称这一现象为“过时效”。

3.3.3 实验设备与材料

（1）实验设备。

箱式电阻炉、试样切割机、砂纸、抛光机、洛氏硬度计、腐蚀剂（王水或4%的硝酸酒精溶液）、淬火机油、金相显微镜。

（2）实验材料。

T12、W18Cr4V。

3.3.4 实验内容与方法

（1）制备原始样品的金相试样，并进行组织观察及硬度测定；

（2）制定 T12 和 W18Cr4V 的热处理工艺，包括退火、淬火和不同温度下回火。热处理后制备金相试样，并进行组织观察及硬度测定；

（3）对比分析实验结果，得出实验结论。

3.3.5 实验要求

（1）实验报告中要求有实验名称、实验目的、实验设备及材料和实验步骤；

（2）分析两种样品在不同热处理工艺下组织和硬度的变化情况；

（3）分析合金元素对钢相变温度和二次硬化的影响。

3.3.6 课程思政驿站 最美奋斗者——“高炉卫士”孟泰

孟泰，1898 年出生，河北省唐山市丰润区人。1926 年到鞍山，同年入日本人经营的昭和制铁所当配管学徒工。1949 年加入中国共产党。

“高炉卫士”、劳动英雄，这是孟泰留给世人最鲜明的形象。抗美援朝战争期间，他主动当了护厂队员，冒着空袭的危险，随时准备用身体护卫高炉。

孟泰的钻研精神与苦干精神同样有名。著名的“孟泰工作法”就是他多年来在高炉工作实践中摸索出来的一套工作规律及操作技术。“一五”计划开始后，他带领工友们对生产工艺和设备进行技术改造，自制高炉风口，巧制“桥型抓”。除自己完成 60 多次重大技术革新外，他还组织和带领了一大批技术专家与能工巧匠，开展了大规模的技术革新、技术协作和技术攻关活动，为改造和建设鞍钢发挥了重要作用。1964 年，孟泰开始担任鞍钢炼铁厂副厂长。他虽然此时已经 60 多岁，却依然老当益壮，坚持不脱离劳动。他亲手建立了“孟泰储焦槽”，每年为国家节省成千上万吨焦炭；改进了热风炉底部双层燃烧筒，比原来的单层燃烧筒提高寿命近百倍；研制成功冷却箱串联技术，使高炉用水量节约 30%。孟泰牵头的多项技术革新和发明，为国家节约了大量能源资源。2009 年孟泰当选“100 位新中国成立以来感动中国人物”，荣获“最美奋斗者”“全国劳动模范”称号。

（资料来源：网络）

3.4 不同淬火温度对材料组织和性能的影响

3.4.1 实验目的

（1）掌握不同的淬火温度对碳钢组织、性能的影响；

（2）掌握回火温度对碳钢组织和性能的影响；

（3）设计合理的热处理工艺方案，综合分析成分、工艺、组织和性能之间的关系。

3.4.2 钢的淬火及回火概述

45 钢又称油钢，一般来说，厚度为 1 ~ 4 mm。w(C) 为 0.42% ~ 0.50%，w(Si) 为 0.17% ~ 0.37%，w(Mn) 为 0.50% ~ 0.80%，w(Cr) ≤ 0.25%，w(Ni) ≤ 0.30%，w(Cu) ≤ 0.25%。密度为 7.85 g/cm^3，弹性模量为 210 GPa，泊松比为 0.31。如果按照用途来划分，属于结构钢；按含碳量来划分，属于中碳钢或者中碳结构钢。这种钢材的冷塑性处于中等的水平，但是相对来说它的强度比较高，具有一定的可塑性，加工性能也非常不错，而且经过调质处理，综合性能要比其他的结构钢稍好。

作为典型的碳钢，45 钢同样需要通过热处理来改善其性能。45 钢（亚共析钢）正常淬火是将钢加热至临界点 A_{c3}以上 30～50 ℃，保温后以大于临界冷却速度的速度冷却得到马氏体的热处理工艺。淬火介质冷却能力越大，钢的冷却速度越快，越容易超过钢的临界淬火速度，淬硬层越深，但将产生巨大的淬火应力。45 钢正常淬火加热后水冷，获得马氏体和残余奥氏体，硬度值大约为 HRC55。若 45 钢淬火加热温度选择 A_{c1}～A_{c3}，加热后获得的组织为奥氏体和铁素体，称为“欠热”，水冷后组织为马氏体、残余奥氏体和铁素体，铁素体的存在使得此时 45 钢的硬度会比正常淬火工艺下的硬度值低。若将淬火加热温度选择在远高于 A_{c3}线，称为“过热”，此时，由于温度过高会导致奥氏体晶粒变得粗大，冷却后相应的获得粗大的马氏体晶粒，使得钢的硬度降低，同时产生较大的内应力。

回火是将淬火钢在 A_1 以下温度加热，使其转变为稳定的回火组织，并以适当方式冷却到室温的工艺过程。回火的主要目的是减小或消除淬火应力，保证相应的组织转变，提高钢的韧性和塑性，获得硬度、强度、塑性和韧性的适当配合，以满足各种用途工件的性能要求。

决定工件回火后的组织和性能的最重要因素是回火温度。根据工件的组织和性能要求回火可分为低温回火、中温回火和高温回火等几种。低温回火温度为 150～250 ℃，回火组织主要为回火马氏体。和火马氏体相比，回火马氏体既保持了钢的高硬度、高强度和良好耐磨性，又适当提高了韧性。因此，低温回火特别适用于刀具、量具、滚动轴承、渗碳件及高频表面淬火工件。低温回火钢大部分是淬火高碳钢和高碳合金钢，经淬火并低温回火后得到隐晶回火马氏体和均匀细小的粒状碳化物组织，具有很高的硬度和耐磨性，同时显著降低了钢的淬火应力和脆性。对于淬火获得低碳马氏体的钢，经低温回火后可减小内应力，并进一步提高钢的强度和塑性，保持优良的综合力学性能。中温回火温度一般为 350～500 ℃，回火组织主要为回火索氏体。中温回火后工件的淬火应力基本消失。因此钢具有高的弹性极限，较高的强度和硬度，良好的塑性和韧性。故中温回火主要用于各种弹簧零件及热锻模具。高温回火的温度为 500～650 ℃，回火组织为回火索氏体。习惯上将淬火和随后的高温回火相结合的热处理工艺称为调质处理。经调质处理后，钢具有优良的综合力学性能。因此，高温回火主要适用于中碳结构钢或低合金结构钢制作的重要机器零件，如发动机曲轴、连杆、连杆螺栓、汽车半轴、机床主轴及齿轮等。这些机器零件在使用中要求较高的强度并能承受冲击和交变负荷的作用。

回火保温时间应保证工件各部分温度均匀，同时保证组织转变充分进行，并尽可能降低或消除内应力。生产上一般工件的回火时间均为 1～2 h。工件回火后一般在空气中冷却。一些重要的机器零件和工模具，为了防止重新产生内应力和变形、开裂，通常都采用缓慢的冷却方式。对于有第二类回火脆性的钢件，回火后应进行油冷或水冷，以抑制回火脆性。

3.4.3 实验设备与材料

（1）实验材料：45 钢（标准抗拉件）。

（2）实验设备：万能拉伸实验机，箱式电阻炉，洛氏硬度计。

3.4.4 实验内容与方法

（1）首先制备金相试样，测定原始材料组织与硬度；

（2）制定不同淬火工艺，测定不同工艺下试样的组织与硬度；

（3）测定正常淬火件回火处理（200 ℃、400 ℃、600 ℃）后的组织与硬度；

（4）测试正常淬火件以及回火件的抗拉强度及断口组织。

3.4.5 实验要求

（1）实验报告中要求有实验名称、实验目的、实验设备及材料和实验步骤；

（2）分析不同淬火工艺对45钢组织和性能的影响；

（3）分析回火温度对45钢组织和性能的影响。

3.4.6 课程思政驿站 马氏体的故事

马氏体是黑色金属材料的一种组织名称。马氏体最初是在钢（中、高碳钢）中发现的，是将钢加热到一定温度（形成奥氏体）后经迅速冷却（淬火），得到的能使钢变硬、增强的一种淬火组织。

马氏体最先由德国冶金学家 Adolf Martens 于19世纪90年代在一种硬矿物中发现。马氏体的三维组织形态通常有片状或者板条状，但是在金相观察中（二维）通常表现为针状，这也是为什么在一些地方通常描述为针状的原因。马氏体的晶体结构为体心四方结构（BCT）。中高碳钢中加速冷却通常能够获得这种组织。高的强度和硬度是钢中马氏体的主要特征之一。20世纪以来，对钢中马氏体相变的特征累积了较多的知识，又相继发现在某些纯金属和合金中也具有马氏体相变，如：Ce、Co、Hf、Hg、La、Li、Ti、Tl、Pu、V、Zr、和 Ag-Cd、Ag-Zn、Au-Cd、Au-Mn、Cu-Al、Cu-Sn、Cu-Zn、In-Tl、Ti-Ni 等。目前广泛地把基本特征属马氏体相变型的相变产物统称为马氏体。

对于学材料的人来说，“马氏体”的大名如雷贯耳，那么说到阿道夫·马滕斯又有几个人知道呢？其实马氏体的“马”指的就是他了。马氏体（Martensite），命名自 Adolf Martens（1850—1914）。这位被称作马登斯或马滕斯的先生是一位德国的冶金学家。他早年作为一名工程师从事铁路桥梁的建设工作，并接触到了正在兴起的材料检验方法。于是他用自制的显微镜观察铁的金相组织，并在1878年发表了《铁的显微镜研究》，阐述金属断口形态以及其抛光和酸浸后的金相组织。他观察到生铁在冷却和结晶过程中的组织排列很有规则，并预言显微镜研究必将成为最有用的分析方法之一。他还曾担任柏林皇家大学附属机械工艺研究所所长，也就是柏林皇家材料实验所的前身，他在那里建立了第一流的金相实验室。1895年国际材料实验学会成立，他担任了副主席一职。直到现在，在德国依然有一个声望颇高的奖项以他的名字命名。

（资料来源：百度网）

4 材料分析方法实验

4.1 X射线衍射仪及物相定性分析

4.1.1 实验目的

（1）了解X射线衍射仪的结构与操作原理；

（2）熟悉X射线定性物相分析的原理和方法；

（3）练习PDF（JCPD）卡片及索引对多相物质进行相分析。

4.1.2 X射线衍射仪的基本构造与原理

4.1.2.1 X射线的性质

X射线本质和无线电波、可见光、γ射线等一样，属于电磁波或电磁辐射，同时具有波动性和粒子性特征。波长较可见光短，与晶体的晶格常数是同一数量级，为 10^{-12} ~ 10^{-8} m，介于紫外线和γ射线之间，但没有明显的分界线。用于晶体结构分析的X射线波长一般为（0.25 ~ 0.05）× 10^{-9} m，由于波长短，习惯上称为“硬X射线”；用于医学透视的X射线波长较长，故称为“软X射线”。

X射线与可见光一样会产生干涉、衍射、吸收和光电效应等现象，但由于波长相差较大，也有截然不同的性质：（1）X射线在光洁的固体表面不会发生像可见光那样的反射，因而不易用镜面把它聚焦或变向；（2）X射线在物质分界面上只发生微小的折射，折射率稍小于1，故可认为X射线穿透物质时沿直线传播，因此不能用透镜来加以汇聚和发散；（3）X射线波长与晶体中原子间距相当，故在穿过晶体时会发生衍射现象，而可见光的波长远大于晶体中原子间距，故通过晶体时不会产生衍射，因而只可用X射线研究晶体内部结构。

X射线与其他电磁波和微观粒子一样，都具有波动和粒子双重特性，通常称为波粒二象性，是X射线的客观属性。X射线波动性表现在它以一定的频率和波长在空间传播，反映物质运动的连续性，可以解释在传播过程中发生的干涉、衍射等现象；而它的粒子性特征则突出地表现在与物质相互作用和交换能量的时候。

4.1.2.2 X射线衍射仪

目前我国使用的X射线衍射仪以日本产品较多，也有部分国产仪器以及荷兰飞利浦、德国西门子等厂家的产品。图4-1所示为日本理学Smart lab智能X射线多晶衍射仪。

图4-2为X射线衍射仪工作原理框图。入射X射线经狭缝照射到多晶试样上，衍射线经单色晶体反射后进入探测器，所生成的电脉冲经放大再进入脉冲高分析器。信号脉冲可送至速率仪，并在记录仪上画出衍射图。自动化衍射仪均设有计算机系统，可将衍射资料

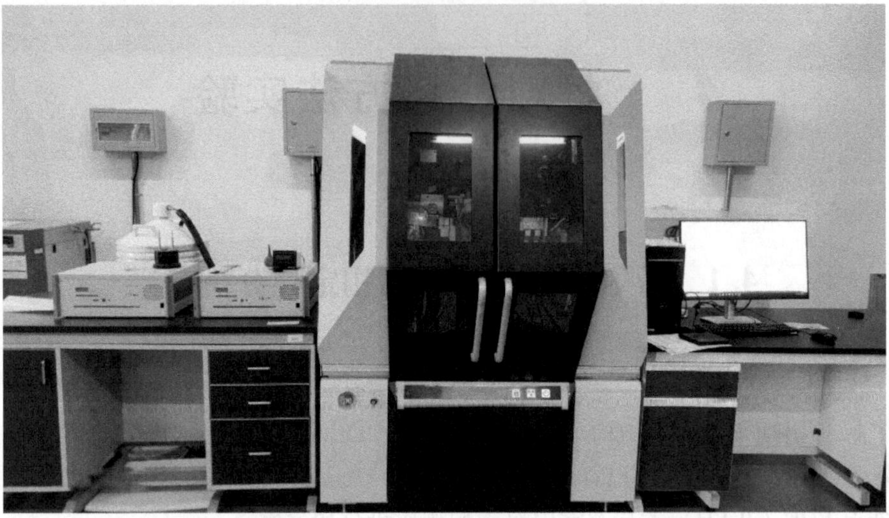

彩图

图 4-1 日本理学 Smart lab 智能 X 射线多晶衍射仪

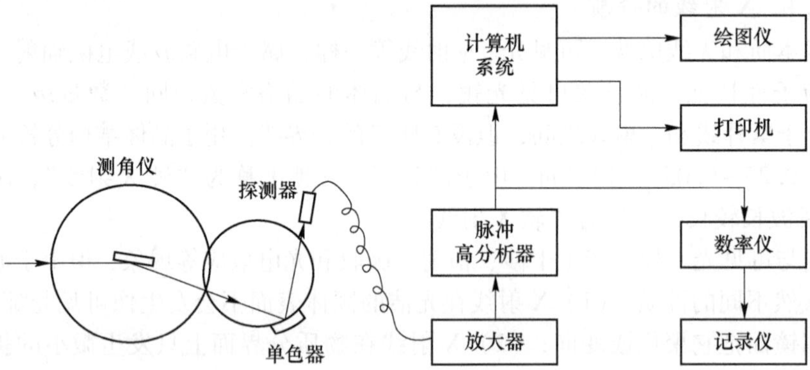

图 4-2 X 射线衍射仪工作原理框图

储存在机内或软磁盘上，并对衍射资料进行寻峰、扣除背底、计算衍射峰积分强度或宽度等，其结果可在屏幕上显示，或通过打印机、绘图仪将数据及图形打印出来。

X 射线衍射仪的基本组成包括 X 射线源、样品及样品位置取向的调整机构或系统、衍射线方向和强度的测量系统、衍射图的处理分析系统四部分。对于 X 射线衍射仪，主要由以下几部分构成，即 X 射线发生器、测角仪、X 射线探测器、X 射线数据采集系统和各种电气系统、保护系统。

X 射线衍射仪的 X 射线发生器是高稳定度的。它由 X 射线管、高压发生器、管压管流稳定电路和各种保护电路等部分组成。

现代衍射用的 X 射线管都属于热电子二极管，有密封式和转靶式两种。前者最大功率在 2.5 kW 以内，视靶材料的不同而异；后者是为获得高强度 X 射线而设计的，一般功率在 10 kW 以上，目前常用的有 9 kW、12 kW 和 18 kW 等。密封式 X 射线管的结构如图 4-3 所示。阴极接负高压，阳极接地。灯丝罩起着控制栅的作用，使灯丝发出的热电子在电场的作用下聚焦轰击到靶面上。阳极靶面上受电子束轰击的焦点便成为 X 射线源，向四周发射 X 射线。在阳极一端的金属管壁上一般开有四个射线出射窗，X 射线就从这些窗口往管外发射。密封式 X 射线管除了阳极一端外，其余部分都是玻璃或陶瓷制成的。管内真空度达 $10^{-6} \sim 10^{-5}$ Torr（1 Torr = 1 mmHg = 133.322 Pa），高真空可以延长发射热电子的钨质灯丝的寿命，防止阳极表面污染的发展。现代的衍射用射线管窗口一般使用 Be 片（厚 0.25 ~ 0.3 mm）作密封材料，对 MoK_α、CuK_α、CrK_α 分别具有 99%、93%、80% 左右的透过率。

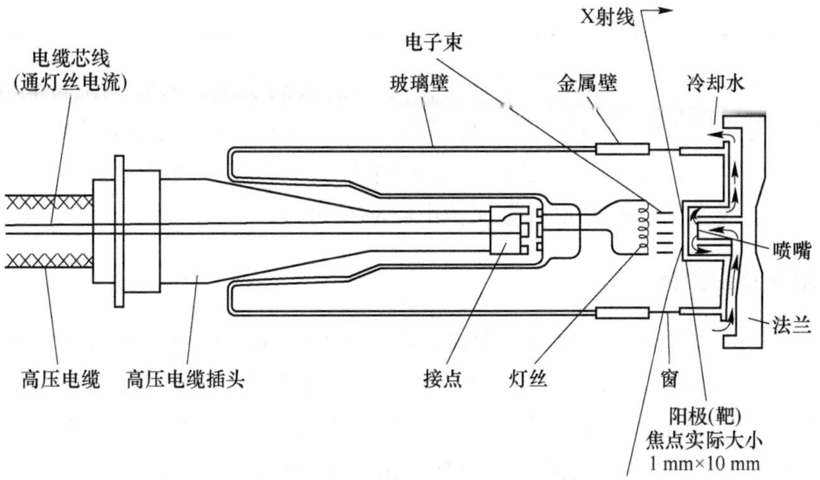

图 4-3　密封式衍射用 X 射线管结构示意图

阳极靶面上受电子束轰击的焦点呈细长的矩形状（称线焦点或线焦斑），从射线出射窗中心射出的 X 射线与靶面的掠射角为 3° ~ 6°。因此，从出射方向相互垂直的两个出射窗观察靶面的焦斑，看到的焦斑的形状是不一样的，如图 4-4 所示。从出射方向垂直焦斑长边的两个出射窗口观察，焦斑成线状称为线光源；从另外两个出射窗口观察，焦斑如点状称为点光源。粉末衍射仪一般要求使用线光源，因此，在衍射仪每次安装管子的时候，必须辨别所使用的 X 射线出射窗是否为线焦点方向（管子上有标记）。此外，还要求测角仪相对于靶面平面要有适当的倾斜角。

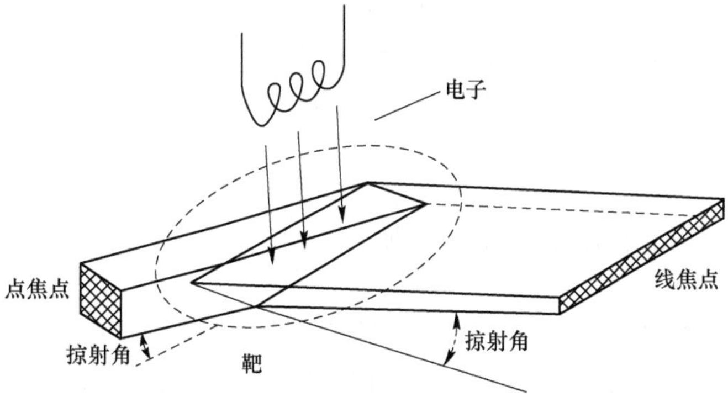

图 4-4　线焦点与点焦点的方向

X 射线管的额定功率因靶材的种类及厂家而异。表 4-1 给出了各种靶材的密封 X 射线管的可达到的额定功率。长时间连续运行时，使用功率建议在额定值的 80% 以下，有利于管子寿命的延长。

表 4-1 密封式 X 射线管的额定功率 (kW)

靶材种类	W	Mo	Cu	Co	Fe	Cr
细焦点 0.4 mm×8 mm	2.0	2.0	1.5	1.3	0.9	1.3
普通焦点 1 mm×10 mm	2.4	2.4	2.0	1.8	1.5	1.8
大焦点 2 mm×12 mm	2.7	2.7	2.7	2.7	2.2	2.7

X 射线管消耗的功率只有很小部分转化为 X 射线的功率，99% 以上都转化为热而消耗掉，因此 X 射线管工作时必须用水流从靶面后面冷却，以免靶面熔化毁坏。为提高靶面与水的热交换效率，冷却水流是用喷嘴喷射在电子焦点的背面上的，流量要求大于 3.5 L/min。X 射线发生器的停水报警保护电路必须可靠。

4.1.3 衍射仪物相分析

物相定性分析是 X 射线衍射分析中最常用的一项测试，衍射仪可自动完成这一工作。首先，按给定的条件进行衍射数据自动采集，接着启动寻峰自动处理程序，当检索开始时，操作者要选择输出级别（扼要输出、标准输出或详细输出），选择所检索的数据库（在计算机硬盘上存储着物相数据库，约有物相 46000 种，并设有无机、有机、合金、矿物等多个分库），指出测试时所使用的靶、扫描范围、实验误差范围估计，并输入试样的元素信息等。此后，系统将自动进行检索匹配，并将检索结果打印输出。

4.1.3.1 物相定性分析原理

X 射线入射到多晶体上，产生衍射的充要条件是：

$$2d\sin\theta = n\lambda \tag{4-1}$$

$$F(hkl) \neq 0 \tag{4-2}$$

式（4-1）确定了衍射方向，在一定的实验条件下衍射方向取决于晶面间距 d，而 d 是晶胞参数的函数。式（4-2）表示衍射强度与结构因子 $F(hkl)$ 的关系，衍射强度正比于 $F(hkl)$ 模的平方。$F(hkl)$ 的数值取决于物质的结构，即晶胞中原子的种类、数目和排列方式，因此决定 X 射线衍射谱中衍射方向和衍射强度的一套 d 和 I 的数值是与一个确定的晶体结构相对应的。这就是说，任何一个物相都有一套 d-I 特征值，两种不同物相的结构稍有差异，其衍射谱中的 d 和 I 将有区别，这就是应用 X 射线衍射分析和鉴定物相的依据。

若被测试样包含有多种物相时，每个物相产生的衍射将独立存在，互不相干。该试样的衍射结果是各个单相衍射图谱的简单叠加。因此应用 X 射线衍射可鉴别出多相样品中的每一个物相。

一种物相衍射谱中的 d-I/I_1（I_1 是衍射图谱中最强峰的强度值）的数值取决于该物质的组成与结构，其中 I/I_1 称为相对强度。当两个样品 d-I/I_1 的数值都对应相等时，这两个样品就是组成与结构相同的同一种物相。因此，当一未知物相的样品的衍射谱上的

d-I/I_1 的数值与某一已知物相 M 的数据相合时，即可认为未知物即是 M 相。由此看来，物相定性分析就是将未知物的衍射实验所得的结果，考虑各种偶然因素的影响，经过去伪存真获得一套可靠的 d-I/I_1，数据后与已知物相的 I/I_1 相对照，再依照晶体和衍射的理论对所属物相进行肯定与否定。目前，已测量了大约 290000 种物相的 I/I_1 数据，每个已知物相的 d-I/I_1 数据制作成一张 PDF 卡片，若待测物是在已知物相的范围之内，物相分析工作即是实际可行的。

4.1.3.2 试样准备

衍射仪一般采用块状平面试样；试样可以是整块的多晶体，也可用粉末压制。金属样品可从大块中切割出合适的尺寸，经砂轮、砂纸磨平再进行适当的腐蚀而得。分析氧化层时，表面一般不做化学热处理，而化学热处理层的处理方法须视实际情况进行（例如可用细砂纸轻磨去氧化皮）。

粉末样品应有一定的粒度要求，颗粒大小为 1 ~ 10 μm 数量级。不过由于在衍射仪上照射面积较大，故允许采用稍粗的颗粒，根据粉末的数量可压在玻璃制的通框或浅框中，压制时一般不加黏结剂，所加压力以使粉末样品粘牢为限，压力过大可能导致颗粒的择优取向，当粉末数量很少时，可在平玻璃上抹一层凡士林，再将粉末均匀撒上。

4.1.3.3 测试参数的选择

描画衍射图之前，须考虑确定的实验参数很多，如 X 射线管阳极的种类、滤片、管压、管流等，有关测角仪上的参数（如发散狭缝、防散狭缝、接收狭缝的选择等）。对于自动化衍射仪，很多工作参数可由微机上的键盘输入或通过程序输入，衍射仪需设置的主要参数有：脉冲高度分析器的基线电压、上限电压；计数率仪的满量程，如每秒为 500 计数、1000 计数或 5000 计数等；计数率仪的时间常数，如 0.1 s、0.5 s、1 s 等；记录仪的走纸速度，如每度为 10 mm、20 mm、50 mm 等；测角仪连续扫描速度，如 0.01°/s、0.03°/s、0.05°/s 等；扫描的起始角和终止角等。此外，还可设置寻峰扫描、阶梯扫描等其他方式。

4.1.3.4 衍射图的分析

先将衍射图上比较明显的衍射峰的 2θ 值量度出来，即将米尺的刻度与衍射图的角标对齐，令三角板一直角边沿米尺移动，另一直角边与衍射峰的对称（平分）线重合，并以此作为峰的位置。借助直尺，可以估计出百分之一度（或十分之一度）的 2θ 值，并通过工具书查对应的 d 值。各衍射线的相对强度可以按衍射峰的高度估计，有了 d 系列参数与 I（I 为峰的强度）系列参数之后，取前反射区三根最强线为依据，查阅索引，用尝试法找到可能的卡片，确定一个物相之后，将余下线条进行强度的归一处理，再寻找第二相，有时也可根据试样的实际情况做出推断，直至所有的衍射均有着落位置。

4.1.3.5 PDF 卡片检索方法

现代 X 射线衍射系统都配备有自动检索系统，通过图形对比方式检索样品中的物相（如 MDI Jade、EVA 软件等）。PDF 卡片检索的步骤包括如下内容。

（1）给出检索条件。检索条件主要包括检索子库、样品中可能存在的元素等。

1）检索子库。PDF 卡片按物质的种类分为：无机物、矿物、合金、陶瓷、水泥、有机物等多个子数据库。检索时可以按测量样品的种类，适当选择在一个或几个子库内检索，以缩小检索范围、提高检索的命中率。

2）样品的元素组成。在做X射线衍射实验前应当先检查样品中可能存在的元素种类。在PDF卡片检索时选择可能存在的元素，以缩小元素检索范围。

3）其他检索条件。包括PDF卡片号、样品颜色、文献出处等十几种辅助检索条件。检索时应当尽可能利用这些检索条件，以缩小检索范围，提高检索的命中率。

（2）计算机按照给定的检索条件对衍射线位置（角度）和强度进行匹配，计算匹配品质因数（*FOM*）。匹配品质因数的定义为：完全匹配时，$FOM=0$，完全不匹配时，$FOM=100$。将匹配品质因数最小的前100种物相列出一个表。

（3）操作者观察列表中各种物相（PDF卡片）与实测X射线谱的匹配情况做出判断。检定出一定存在的物相。

一般来说，判断一个物相是否存在有三个条件。

1）PDF卡片中的峰位与测量谱的峰位是否匹配。换句话说，一般情况下PDF卡片中出现的峰的位置，样品谱中必须有相应的峰与之对应，即使三条强线对应得非常好，但有另一条较强线位置明显没有出现衍射峰，也不能确定存在该相。除非能确定样品存在某种明显的择优取向，此时需要另外考虑择优取向问题。但是，对于一些固溶样品，峰位可能会向某一衍射角方向偏移，此时只要峰位移动后是匹配的，也应当确定有该物相存在。

2）卡片的峰强比与样品谱的峰强比要大致相同。例外的情况，如加工态的金属块状样品，由于择优取向存在，导致峰强比不一致，因此，峰强比仅可作参考。特别是一些强织构样品、薄膜样品，某些衍射峰的强度匹配出现异常，甚至某些方向的衍射不会出现。

3）检索出来的物相包含的元素在样品中必须存在。例如，如果检索出一个FeO相，但样品中根本不可能存在Fe元素，则即使其他条件完全吻合，也不能确定样品中存在该相，此时可考虑样品中存在与FeO晶体结构大体相同的某相。

对于无机材料和黏土矿物，一般参考“特征峰”来确定物相，而不要求全部峰的对应，因为一种黏土矿物中可能包含的元素也可能不同，结构上也可能存在微小的差异。

4.1.4 实验内容

（1）介绍X射线衍射仪的结构，进行操作演示，并描画出一两个衍射峰；

（2）以小组为单位，对衍射图进行物相定性分析；

（3）记录所有分析衍射图的测试条件，将实验数据及结果以表格列出；

（4）测试未知粉体样品，在已知样品所含元素的情况下，进行物相鉴定。

4.1.5 实验要求

（1）学生进入实验室前必须做好实验预习，明确实验目的、任务、有关原理、操作的主要步骤、注意事项；

（2）实验过程中必须严格遵守操作规程及注意事项；

（3）按要求完成实验报告。

4.1.6 课程思政驿站 X射线的发现

威廉·康拉德·伦琴，德国物理学家。1895年11月8日发现了X射线，为开创医疗影像技术铺平了道路，1901 年被授予首次诺贝尔物理学奖。这一发现不仅对医学诊断有重大影响，还直接影响了 20 世纪许多重大科学发现。

1895 年 11 月 8 日夜晚，伦琴发现了一个意外的现象：他在继续实验时为防止紫外线和可见光的影响，不使管内的可见光漏出管外，用黑色硬纸板把放电管严密封好，在接上高压电流进行实验时，他发现 1 m 以外的一个涂有氰化铂酸钡的荧光屏发出微弱的浅绿色闪光，一切断电源闪光就立即消失。这一发现使他十分惊奇。他全神贯注地重复实验，把荧光屏一步步移远，即使在 2 m 左右，屏上仍有较强的荧光出现，当他带着这张涂料纸走进隔壁房间，关上门、拉下窗帘，荧光屏在管子工作时仍继续闪光。当时，伦琴确信，这一新奇的现象是迄今为止尚未观察过的。

在 1895 年最后的几个星期中，他没有对任何人讲述过自己的观察，无论是协作者，还是同行，伦琴独自工作，以便证实这个偶然的观察是确定的事实，然后他又用木板、纸和书来实验，这些东西对它来说都是透明的。作为一位谨慎的研究者，伦琴当时感受到的是新的、尚未经历过的东西；他希望在提出“完美无瑕的结果”之后才去享受这突如其来的幸福，像伦琴后来所说的那样，这突然降临到他头上的“伟大的命运”。在七个星期之内，这位科学家独自在自己的实验室里研究新的射线及其特性。为了排除视力的错觉，他利用感光板把他在光屏上观察到的现象记录下来，他甚至吩咐给他把饮食带到研究所去，并在那里安放了一张床铺，以便无须中断利用仪器特别是利用水银空气泵进行的研究工作。

1895 年 12 月 22 日晚上，他说服他的夫人充当实验对象。当他夫人的手放在荧光屏后时，她简直不敢相信，荧光屏上这只有戒指和骨骼毕露的造影就是她自己的手，这种实验对伦琴夫人，也像以后对许多人一样，仿佛产生了一种死亡的征兆。

伦琴深信他的观察是证据确凿的，他确信自己已发现了一种新的神秘射线；1895 年 12 月 28 日，他给维尔茨堡物理学医学学会递交了一份认真、简洁的通讯，题目为《一种新的射线，初步报告》。那时的伦琴对这种射线是什么确实不了解，这就是他在第一个通报中按代数上的未知数符号“X”命名的原因。

（资料来源：网络）

4.2 扫描电子显微镜原理及应用

4.2.1 实验目的

（1）了解扫描电子显微镜的基本构造及工作原理；

（2）选择合适的样品，通过对表面形貌衬度和原子序数衬度的观察，了解扫描电子显微镜图像衬度原理及其应用；

（3）培养学生的科研兴趣。

4.2.2 扫描电子显微镜的构造

扫描电子显微镜（简称 SEM）是目前较先进的一种大型精密分析仪器，它在材料科学、地质、石油、矿物、半导体及集成电路等方面得到了广泛的应用。其优点是：

(1) 景深长、图像富有立体感；

(2) 图像的放大倍率可在大范围内连续改变，而且分辨率高；

(3) 样品制备方法简单，可动范围大，便于观察；

(4) 样品的辐照损伤及污染程度较小；

(5) 可实现多功能分析。

图 4-5 是赛默飞 APREO 2S 扫描电子显微镜外观照片，它主要由电子光学系统、信号收集及图像显示和记录系统、真空系统和电源系统三部分组成。下面对各部分的组成和功能分别做简要介绍。

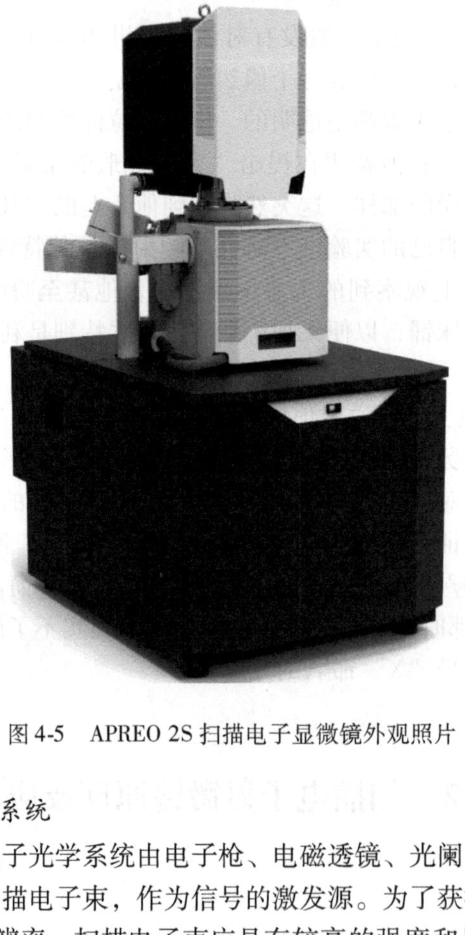

彩图

图 4-5　APREO 2S 扫描电子显微镜外观照片

4.2.2.1　电子光学系统

扫描电子显微镜的电子光学系统由电子枪、电磁透镜、光阑、扫描系统和样品室等部件组成，其作用是获得扫描电子束，作为信号的激发源。为了获得较高的信号强度和图像（尤其是二次电子像）分辨率，扫描电子束应具有较高的强度和尽可能小的束斑直径，电子束的强度取决于电子枪的发射能力；束斑尺寸除了受电子枪的影响之外，还取决于电磁透镜的会聚能力。

A　电子枪

为了获得较高的信号强度和较好的扫描像，由电子枪发射的扫描电子束应具有较高的亮度和尽可能小的束斑直径。常用的电子枪有普通热阴极三极电子枪、六硼化镧阴极电子枪和场发射电子枪三种。前两种属于热发射电子枪，后一种则属于冷发射电子枪，又称场发射电子枪。场发射电子枪的亮度最高、电子源直径最小，是高分辨本领扫描电子显微镜的理想电子源，当然其价格也是相当昂贵的。

B 电磁聚光镜

其功能是把电子枪发射的电子束束斑逐级聚集缩小，因照射到样品上的电子束斑越小，其分辨率就越高。扫描电子显微镜通常都有三个聚光镜，前两个是强透镜，缩小束斑；第三个透镜是弱透镜，焦距长，便于在样品室和聚光镜之间装入各种信号探测器。为了降低电子束的发散程度，每级聚光镜都装有光阑。为了消除像散，装有消散器。

C 扫描线圈

其作用是使电子束偏转，并在样品表面做有规则的扫动，电子束在样品上的扫描动作和在显像管上的扫描动作保持严格同步，因为它们是由同一扫描发生器控制的。

4.2.2.2 机械系统和真空系统

机械系统主要包括支撑部分和样品室。样品室中有样品台和信号探测器，样品台除了能夹持一定尺寸的样品，还能使样品做平移、倾斜、转动等运动，同时样品还可在样品台上加热、冷却和进行力学性能实验（如拉伸和疲劳实验）。

为保证扫描电子显微镜电子光学系统的正常工作，对镜筒内的真空度有一定的要求。一般情况下，如果真空系统能提供 $1.33\times10^{-2}\sim1.33\times10^{-3}$ Pa（$10^{-4}\sim10^{-5}$ mmHg）的真空度时，就可以防止样品的污染。如果真空度不足，除样品被严重污染外，还会出现灯丝寿命下降、极间放电等问题。

不同类型的扫描电子显微镜对真空的要求不尽相同。对于像 Sirion200 型这种场发射扫描电子显微镜而言，样品室的真空一般不得低于 1×10^{-5} Pa，它由机械真空泵和分子泵来实现；电镜镜筒和灯丝室的真空不得低于 4×10^{-7} Pa，它由离子泵来实现；先开机械泵预抽真空，达到所需真空度之后方可开机。在更换试样时，阀门会自动使样品室与镜筒部分隔开；更换灯丝时也可以将电子枪室与整个镜筒隔开，这样保持镜筒部分真空不被破坏。

4.2.2.3 信号收集及图像显示和记录系统

信号收集系统的作用是检测样品在入射电子作用下产生的物理信号，然后经视频放大，作为显像系统的调制信号，不同的物理信号要用不同类型的检测系统。二次电子、背散射电子等信号通常采用闪烁计数器来检测。闪烁计数器是扫描电子显微镜中最主要的信号检测器。

图像显示和记录系统的作用是将信号检测放大系统输出的调制信号转换为能显示在阴极射线管荧光屏上的图像或数字图像信号，供观察或记录，将数字图像信号以图形格式的数据文件存储在硬盘中，可随时编辑或用办公设备输出。

4.2.3 扫描电子显微镜的基本原理

电子枪的热阴极或场发射阴极发出的电子受阳极电压（1 ~ 50 kV）加热并形成笔尖状电子束，其最小直径为 10 ~ 50 μm 量级（场发射枪中为 10 ~ 100 nm）。经过二或三个（电）磁透镜的作用，在样品表面汇聚成一个直径可小至 1 ~ 10 nm 的细束，也称电子探针，携带束流量为 $10^{-9}\sim10^{-11}$ nm。有时根据某些工作模式的要求，束流可增至，相应的束直径将变成 0.1 ~ 1 μm。在末透镜上部的扫描线圈作用下，细电子束在样品表面做光栅状扫描，即从左上方向右上方扫，扫完一行再扫其下相邻的第二行，直到扫完一幅（或帧）。如此反复运动。

扫描电子显微镜的工作原理可以简单地归纳为“光栅扫描，逐点成像”。“光栅扫描”的含义是电子束受扫描系统的控制在样品表面上逐行扫描，同时，控制电子束的扫描线圈上的电流与显示器相应的偏转线圈上的电流同步，因此，样品上的扫描区域与显示器上的图像相对应，每一物点均对应于一个像点。“逐点成像”的含义为电子束所到之处，每一物点均会产生相应的信号（如二次电子等），产生的信号被接收放大后用来调节像点的亮度，信号越强，像点越亮。这样，就在显示器上得到了与样品上的扫描区域相对应但经过高倍放大的图像，图像客观地反映着样品的形貌（或成分）信息。

扫描电子显微镜图像的放大倍数定义为显像管中电子束在荧光屏上的扫描振幅和电子光学系统中电了束在样品上的扫描振幅的比值。

4.2.4 扫描电子显微镜图像衬度观察

4.2.4.1 样品制备

扫描电子显微镜的优点之一是样品制备简单，对于新的金属断口样品不需要做任何处理，可以直接进行观察。但在有些情况下需对样品进行必要的处理。

（1）样品表面附着有灰尘和油污，可用有机溶剂（乙醇或丙酮）在超声波清洗器中清洗。

（2）样品表面锈蚀或严重氧化，采用化学清洗或电解的方法处理。清洗时可能会失去一些表面形貌特征的细节，操作过程中应该注意。

（3）对于不导电的样品，观察前需在表面喷镀一层导电金属或碳，镀膜厚度控制在5～10 nm为宜。

4.2.4.2 表面形貌衬度观察

二次电子信号来自于样品表面层5～10 nm，信号的强度对样品微区表面相对于入射束的取向非常敏感，随着样品表面相对于入射束的倾角增大，二次电子的产额增多。因此，二次电子像适合于显示表面形貌衬度。二次电子像的分辨率较高，一般为3～6 nm。其分辨率的高低主要取决于束斑直径，而实际上真正达到的分辨率与样品本身的性质、制备方法，以及电子显微镜的操作条件（如高压、扫描速度、光强度、工作距离、样品的倾斜角等因素）有关。在最理想的状态下，目前可达到的最佳分辨率为1 nm。

扫描电子显微镜图像表面形貌衬度几乎可以用于显示任何样品表面的超微信息，其应用已渗透到许多科学研究领域，在失效分析、刑事案件侦破、病理诊断等技术部门也得到广泛应用。在材料科学研究领域，表面形貌衬度在断口分析等方面显示有突出的优越性。下面就以断口分析等方面的研究为例说明表面形貌衬度的应用。

利用试样或构件断口的二次电子像所显示的表面形貌特征，可以获得有关裂纹的起源、裂纹扩展的途径以及断裂方式等信息，根据断口的微观形貌特征可以分析裂纹萌生的原因、裂纹的扩展途径以及断裂机制。

4.2.4.3 原子序数衬度观察

原子序数衬度是利用对样品表层微区原子序数或化学成分变化敏感的物理信号，如背散射电子、吸收电子等作为调制信号而形成的一种能反映微区化学成分差别的像衬度。实验证明，在实验条件相同的情况下，背散射电子信号的强度随原子序数增大而增大。在样品表层平均原子序数较大的区域，产生的背散射信号强度较高，背散射电子像中相应的区域显示较亮的衬度；而样品表层平均原子序数较小的区域则显示较暗的衬度。由此可见，背散射电子像中不同区域衬度的差别，实际上反映了样品相应不同区域平均原子序数的差异，据此可定性分析样品微区的化学成分分布。吸收电子像显示的原子序数衬度与背散射电子像相反，平均原子序数较大的区域图像衬度较暗，平均原子序数较小的区域显示较亮的图像衬度。原子序数衬度适合于研究钢与合金的共晶组织，以及各种界面附近的元素扩散。

由于背散射电子是被样品原子反射回来的入射电子，其能量较高，离开样品表面后沿直线轨迹运动，因此信号探测器只能检测到直接射向探头的背散射电子，有效收集立体角小，信号强度较低。尤其是样品中背向探测器的那些区域产生的背散射电子，因无法到达探测器而不能被接收。所以利用闪烁体计数器接收背散射电子信号时，只适合于表面平整的样品，实验前样品表面必须抛光而不需腐蚀。

4.2.5　赛默飞 APREO 2S 扫描电子显微镜操作规程

（1）UI 界面单击“Vent”，破真空，等待 3 min 左右，可以观察 UI 右下角 Vent 的绿色进度条。注意：没有完全破真空之前，不要用力拽样品舱门。

（2）轻轻拉开舱门，将待测样品装在多功能样品台上。确保所有样品高度在安全距离，且不会碰到极靴。

（3）轻轻地关上样品舱门，并用手推紧舱门，单击“Pump”，等舱门吸紧后再松手，以免抽真空失败。样品仓真空状态：灰色代表破真空状态，橙色代表正在放气或者抽真空的过程中，绿色代表真空已经抽好。

（4）等待“Chamber Pressure”优于 9×10^{-3} Pa 后，单击“Beam On”，开启灯丝。

（5）自动样品台光学导航拍照：单击菜单栏中“Stage”→“Take Nav-Cam Photo”。

（6）在导航窗口双击需要观察的样品，用鼠标中键移动样品台，使样品最高处贴近 10 mm，窗口选择“ETD 探头”。

（7）单击“F7”可对样品进行窗口调焦。图片调焦遵循以下顺序：1）按住鼠标右键缓慢左右滑动，将图像聚焦至最清晰；2）按住“Shift + 右键”缓慢上下滑动进行垂直方向消像散；3）按住鼠标右键缓慢左右滑动，将图像聚焦至最清晰；4）按住“Shift + 右键”缓慢左右滑动进行水平方向消像散；5）按住鼠标“右键”缓慢左右滑动，将图像聚焦至最清晰；6）重复以上步骤再次调整。

（8）单击“F2”对窗口显示区域进行拍照，将图片保存至目标文件夹。

键盘主要功能键：“F2”拍照，“F5”窗口最大化，“F7”调焦小窗口，“F9”自动明亮度，“+”和“-”增大和减小放大倍数。

（9）单击“Beam On”。按鼠标中键缓慢向下拖动，使样品台降至安全位置。

（10）单击“Vent”进行放气操作，待电镜操作系统右下角标志变化后，打开样品室，取出样品。然后，缓慢关闭样品室，单击“Pump”，等待操作系统下方标志再次变化，即完成测试工作。

4.2.6 实验内容

(1) 结合扫描电子显微镜设备，介绍其基本结构和工作原理；

(2) 以小组为单位，观察给定样品的形貌；

(3) 通过实验了解图像衬度原理及其应用。

4.2.7 实验要求

(1) 简述扫描电子显微镜的基本结构及特点。

(2) 举例说明扫描电子显微镜表面形貌衬度和原子序数衬度的应用。

4.2.8 课程思政驿站 双级时效 TC18 钛合金的微观组织（科研案例）

在钛合金中，决定合金性能的微观结构有初生 α 相、次生 α 相和 β 晶粒三种。在低于 α/β 相变点的温度下进行固溶处理，析出初生 α 相。等轴 α 相可以增加合金的塑性，但对强度几乎没有影响。在高于 α/β 相变点的较高温度下进行固溶处理会产生等轴或较粗的 β 晶粒，β 晶粒的尺寸与合金的塑性有关，其中 β 晶粒尺寸越大，塑性和韧性越低。

单级时效合金（固溶温度 +600 ℃）和双级时效合金（固溶温度 +600 ℃ +250 ℃）在固溶温度变化（710 ~800 ℃）时的微观组织对比如图 4-6 所示，与单级时效合金相比，双级时效合金从 β 基体中析出了更多的针状三次 α 相，时效 α 相的总体含量升高。在双级时效合金中，随着固溶温度的升高，初生 α 相的数量逐渐降低，其变化规律与固溶合金的组织演变规律保持一致。此外，时效 α 相（$\alpha_s+\alpha_T$）的数量随固溶温度升高呈上升趋势变化。初生 α 相在高温下的溶解使得 β 基体浓度升高，在随后的两次降序时效（高温时效 + 低温时效）处理使得基体过饱和度下降，时效 α 相与基体之间的化学自由能差

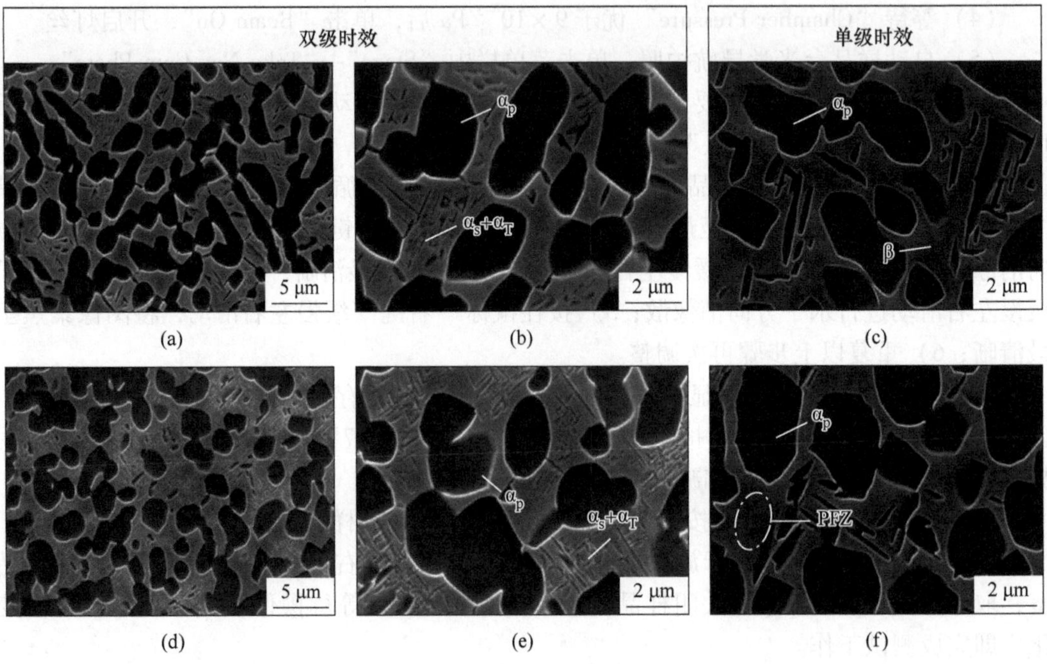

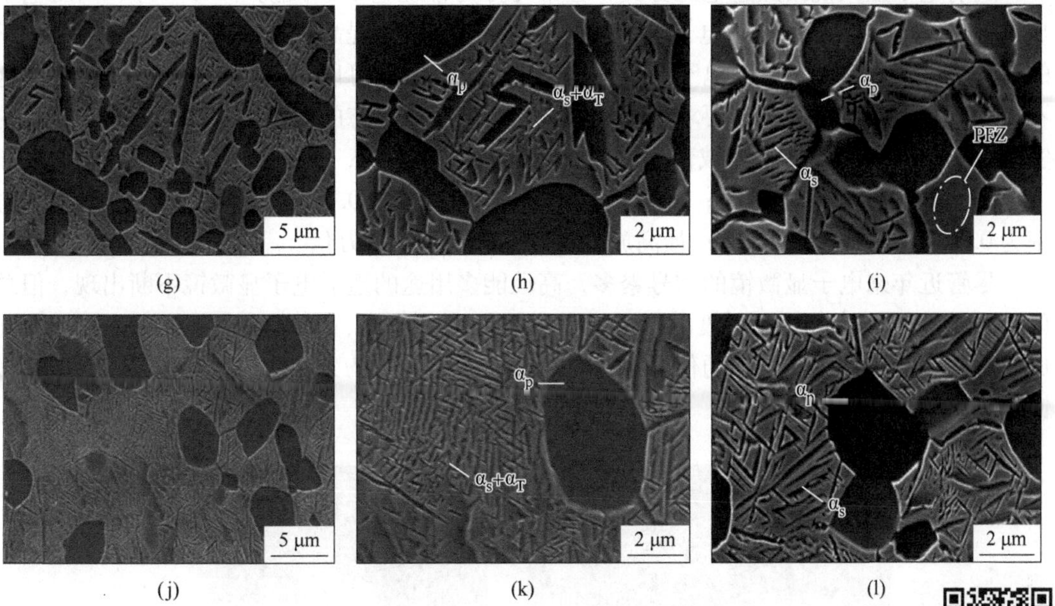

图 4-6 单级时效合金（固溶温度+600 ℃）和双级时效合金（固溶温度+600 ℃+250 ℃）在固溶温度变化时的微观组织对比

(a)～(c) 710 ℃；(d)～(f) 740 ℃；(g)～(i) 770 ℃；(j)～(l) 800 ℃

彩图

值较低温固溶时进一步扩大，在克服了时效 α 相的界面能以及应变能之后，从基体中析出了更多的时效 α 相，这也是时效 α 相在高温（800 ℃）固溶时的析出量远远多于在低温（710 ℃）固溶时的原因。

（资料来源：刘泽栋（导师杜赵新），内蒙古工业大学硕士学位论文，2022 年）

4.3 透射电子显微镜原理及应用

4.3.1 实验目的

（1）了解透射电子显微镜的基本构造及工作原理；

（2）通过明场暗场像操作的实际演示，了解明场暗场像成像原理；

（3）培养学生的科研兴趣。

4.3.2 透射电子显微镜的构造

透射电子显微镜是一种具有高分辨率、高放大倍数的电子光学仪器，被广泛应用于材料科学等研究领域。透射电子显微镜以波长极短的电子束作为光源，电子束经由聚光镜系统的电磁透镜将其聚焦成一束近似平行的光线穿透样品，再经成像系统的电磁透镜成像和放大，然后电子束投射到主镜筒最下方的荧光屏上形成所观察的图像。在材料科学研究领域，透射电子显微镜主要用于材料微区的组织形貌观察、晶体缺陷分析和晶体结构测定。

透射电子显微镜按加速电压分类，通常可分为常规电子显微镜（100 kV）、高压电子显微镜（300 kV）和超高压电子显微镜（500 kV 以上）。提高加速电压，可缩短入射电子的波长。一方面有利于提高电子显微镜的分辨率，同时又可以提高对试样的穿透能力，这不仅可以放宽对试样减薄的要求，而且厚试样与近二维状态的薄试样相比，更接近三维的实际情况。就当前各研究领域使用的透射电子显微镜来看，其三个主要性能指标大致如下。加速电压：80 ~ 3000 kV；分辨率：点分辨率为 0.2 ~ 0.35 nm（2 ~ 3.5 Å）、线分辨率为 0.1 ~ 0.2 nm（1 ~ 2 Å）；最高放大倍数：30 万 ~ 100 万倍。

尽管近年来电子显微镜的型号繁多，高性能多用途的透射电子显微镜不断出现，但总体说来，透射电子显微镜一般由电子光学系统、真空系统、电源及控制系统三大部分组成。此外，还包括一些附加的仪器和部件、软件等。图 4-7 是 JEM-2010 型透射电子显微镜外观照片。

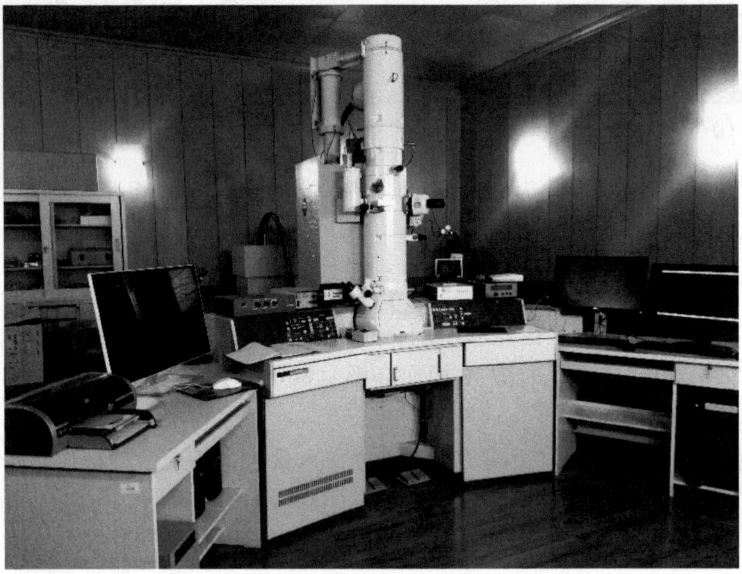

彩图

图 4-7　JEM-2010 型透射电子显微镜

4.3.2.1　电子光学系统

电子光学系统是透射电子显微镜的最基本组成部分，是用于提供照明、成像、显像和记录的装置。整个镜筒自上而下顺序排列着电子枪、双聚光镜、样品室、物镜、中间镜、投影镜、观察室、荧光屏及照相室等。通常又把电子光学系统分为照明部分、成像放大部分和图像观察记录部分。

A　照明部分

照明部分由电子枪、聚光镜和电子束的平移对中及倾斜调节装置组成。它的作用是为成像系统提供一束亮度高、相干性好的照明光源。为满足暗场成像的需要，照明电子束可在 2° ~ 3°范围内倾斜。电子枪由阴极、栅极和阳极构成。在真空中通电加热后使从阴极发射的电子被阳极加速，获得较高的动能形成定向高速电子流。聚光镜的作用是汇聚从电子枪发射出来的电子束，控制照明孔径角、电流密度和光斑尺寸。

B 成像放大部分

成像放大部分一般由样品室、物镜、中间镜和投影镜组成。物镜的分辨本领决定了电镜的分辨本领，中间镜和投影镜的作用是将来自物镜的图像进一步放大。

C 图像观察记录部分

图像观察记录部分由观察室和照相室以及 CCD（Charge-coupled device）相机组成。现在多数透射电子显微镜都在照相室下方安装了慢扫描 CCD 相机，提高拍摄效率和照片质量。目前一般使用 CCD 采集图像的方法来代替拍摄底片的方法。

4.3.2.2 真空系统

为保证电子显微镜正常工作，要求电子光学系统应处于真空状态下。电子显微镜的真空度一般应保持在 10^{-5} Torr（1 Torr = 133.322 Pa），这需要机械泵和扩散泵两级串联才能得到保证。目前的透射电子显微镜增加一个离子泵以提高真空度，真空度可高达 1.33×10^{-6} Pa 或更高。如果电子显微镜的真空度达不到要求会出现以下问题：

（1）电子与空气分子碰撞改变运动轨迹，影响成像质量；

（2）栅极与阳极间空气分子电离，导致极间放电；

（3）阴极炽热的灯丝迅速氧化烧损，缩短使用寿命甚至无法正常工作；

（4）试样易于氧化污染，产生假象。

4.3.2.3 电源与控制系统

供电系统主要用于提供两部分电源：一是电子枪加速电子用的小电流高压电源，二是透镜激磁用的大电流低压电源。一个稳定的电源对透射电子显微镜非常重要，对电源的要求为：最大透镜电流和高压的波动引起的分辨率下降要小于物镜的极限分辨本领。现在的透射电子显微镜都用微机控制其使用参数和调整对中，使复杂的操作程序得以简化。

4.3.3 明暗场成像原理及操作

4.3.3.1 明暗场成像原理

晶体薄膜样品明暗场像的衬度（即不同区域的亮暗差别），是由于样品相应的不同部位结构或取向的差别导致衍射强度的差异而形成的，因此称其为衍射衬度，以衍射衬度机制为主形成的图像称为衍衬像。如果只允许透射束通过物镜光阑成像，称其为明场像；如果只允许某支衍射束通过物镜光阑成像，则称为暗场像。就衍射衬度而言，样品中不同部位结构或取向的差别，实际上表现在满足或偏离布拉格条件程度上的差别。满足布拉格条件的区域，衍射束强度较高，而透射束强度相对较弱，用透射束成明场像该区域呈暗衬度；反之，偏离布拉格条件的区域，衍射束强度较弱，透射束强度相对较高，该区域在明场像中显示亮衬度。而暗场像中的衬度则与选择哪支衍射束成像有关。如果在一个晶粒内，在双光束衍射条件下，明场像与暗场像的衬度恰好相反。

4.3.3.2 明场像和暗场像

明暗场成像是透射电子显微镜最基本也是最常用的技术方法，其操作比较容易。这里仅对暗场像操作及其要点简单介绍如下。

（1）在明场像下寻找感兴趣的视场。

（2）插入选区光阑围住所选择的视场。

(3) 按“衍射”按钮转入衍射操作方式，取出物镜光阑，此时荧光屏上将显示选区内晶体产生的衍射花样。为获得较强的衍射束，可适当地倾转样品调整其取向。

(4) 倾斜入射电子束方向，使用于成像的衍射束与电子显微镜光轴平行，此时该衍射斑点应位于荧光屏中心。

(5) 插入物镜光阑套住荧光屏中心的衍射斑点，转入成像操作方式，取出选区光阑。此时，荧光屏上显示的图像即为该衍射束形成的暗场像。

通过倾斜入射束方向，把成像的衍射束调整至光轴方向，这样可以减小球差，获得高质量的图像。用这种方式形成的暗场像称为中心暗场像。在倾斜入射束时，应将透射斑移至原强衍射斑（*hkl*）位置，而（*hkl*）弱衍射斑相应地移至荧光屏中心，变成强衍射斑点，这一点应该在操作时引起注意。

4.3.4 透射电子显微镜的制样方法

在透射电子显微镜（TEM）中，电子束要穿透样品成像。由于电子束的穿透能力比较低，因此用于TEM分析的样品厚度要非常薄，电子束穿透固体样品的厚度主要取决于电子枪的加速电压和样品原子序数。一般来说，加速电压越高，样品原子序数越低，电子束可穿透的样品厚度就越大。对于加速电压100～200 kV的透射电子显微镜，可穿透样品的厚度为100～200 nm。如果要观察高分辨晶格像，样品还要更薄，一般应低于10 nm。

TEM样品可分为薄膜样品、粉末样品、复型样品。下面介绍薄膜样品和粉末样品的制备方法。

4.3.4.1 薄膜样品制备方法

制备薄膜样品的流程是：切片→机械研磨→冲样→预减薄→最终减薄。

A 切片

将样品切成薄片，厚度一般应0.5 mm，磨去氧化层和加工层。对于导电材料，用线切割方法进行切割。线切割又称电火花切割，被切割样品作阳极，金属丝作阴极，两极间保持一个微小距离，利用其间的火花放电，引起样品局部熔化进行切割。对于陶瓷、半导体、玻璃等材料，用线锯或金刚石慢速锯切割。

B 机械研磨

机械研磨可以将上述线切割下来的薄块用502胶粘在一块平行度较好的金属块上，用手把平，在抛光机的水磨砂纸上注水研磨，砂纸粒度要细，用力要轻而均匀，在金相砂纸上来回研磨。如果研磨之后无凹坑处理，厚度要小于30 μm，如果要凹坑处理，厚度为60～80 μm。

C 冲样

样品研磨后，用专用工具冲成 ϕ3 mm的圆片。圆片打孔机用于快速切割金属、合金及所有延展性好的材料，超声波切割机用于切割半导体、陶瓷等脆性样品，切割厚度为40 μm～5 mm。

D 凹坑

凹坑过程是最终减薄前的预减薄。用凹坑仪在研磨后的试样中央部位磨出一个凹坑，凹坑深度为50～70 μm，适用于陶瓷、半导体、金属及复合材料样品。凹坑目的是缩短离子减薄的时间，以提高最终减薄效率。

E 电解双喷减薄

电解双喷减薄是最终减薄，减薄后可直接上电镜观察，只适用于导电的材料如金属材料。使用仪器前应确定需减薄的样品已经过机械研磨或凹坑，厚度要小于 30 μm。此方法速度快，没有机械损伤。

电解双喷减薄仪的工作原理是金属样品与阳极相连，电解液与阴极相连，电解液通过耐酸泵加压循环。电解液喷管对准试样的中心，两个喷嘴同时减薄样品两面，在合适的电压、电流作用下，样品中心逐渐减薄，直至穿孔。在样品穿孔的瞬间，红外检测系统会迅速反应自动终止减薄，确保有较大的薄区，在几分钟时间内制备出高质量的透射电子显微镜样品。抛光孔的边缘为透射电子显微镜观察的区域。

F 离子减薄

离子减薄也是最终减薄，适用于陶瓷、半导体、多层膜截面材料以及金属材料，还可以修复电解双喷减薄不理想的样品。使用仪器前应确定需减薄的样品已经过机械研磨或凹坑，厚度要小于 30 μm。

离子减薄仪的工作原理：在高真空条件下，离子枪提供高能量的氩离子流，对样品表面以某一入射角度连续轰击，当氩离子流的轰击能量大于样品表层原子结合能时，样品表面原子发生溅射。连续不断地溅射，使样品中心逐渐减薄，直至穿孔，最后获得所需要的薄膜样品。离子减薄过程比较缓慢。

离子减薄的优点是样品质量好、使用范围广；缺点是时间长。时间与样品材质、样品起始厚度、减薄工艺参数有关，需要几个小时、十几个小时甚至更长。如果长时间进行离子减薄，离子辐照损伤可能使试样表面非晶化，所以选择合适的减薄条件（电压和角度）和控制试样温度是比较重要的。

影响离子减薄样品制备的因素为：离子束电压、离子束电流、离子束的入射角、真空度、样品的种类、样品的微结构特点、样品的初始表面条件、样品的初始厚度、样品的安装。

4.3.4.2 粉末样品的制备方法

（1）粉末样品基本要求：

1）单颗粉末尺寸小于 200 nm，大于 200 nm 的颗粒需经研磨粉碎；

2）无磁性；

3）以无机成分为主，否则会造成电镜严重的污染，高压跳掉。

（2）粉末样品的制备：

1）取适量的粉末和乙醇放入小烧杯中，超声振荡 10 min 左右，制成悬浊液；

2）把微栅网膜面朝上放在滤纸上；

3）滴 2～3 滴悬浊液到微栅网上；

4）干燥后即可观察。

4.3.5 实验仪器

JEM-2010 型透射电子显微镜。

4.3.6　实验内容

（1）了解透射电子显微镜的基本构造及成像原理；

（2）以小组为单位，教师演示观察样品的图像。

4.3.7　实验要求

（1）简述透射电子显微镜的基本结构；

（2）简要说明透射电子显微镜的成像原理及各部分的作用；

（3）以 JEM-2010TEM 透射电子显微镜为例，说明其操作要点。

4.3.8　课程思政驿站　TEM 用于观察 TC18 钛合金中的孪晶（科研案例）

图4-8（a）显示了双级时效拉伸样品断口附近的 TEM 照片，其中可以看到 α 相和 β 相。在 β 相上可以观察到一些位错滑移线，表明 β 相主要以（110）滑移的形式参与整个塑性变形过程，如图4-8（a）（f）所示。图4-8（b）（d）分别展示了图4-8（a）中粉红色（见二维码中的彩图，后同）方框区域 A 的明场图像和暗场图像。此外，仔细观察图4-8（b）（d），可以发现在 α 相中出现了部分孪晶。图4-8（c）是图4-8（a）中粉红色

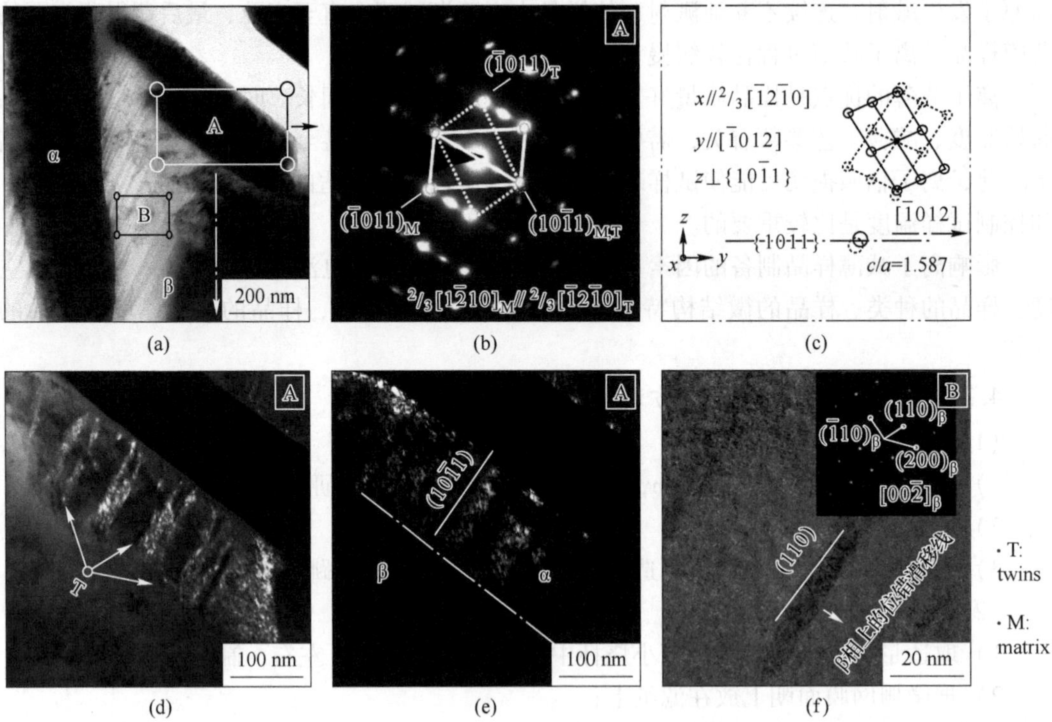

图4-8　双级时效合金拉伸断口附近的微观组织

（a）250 ℃双级时效后的明场 TEM 图像；（b）图（a）中粉红色方框区域 A 中的明场 TEM 图像；（c）取自图（a）中粉红色方框区域 A 的电子衍射图案，表示在（$10\bar{1}1$）平面上的孪晶（下标 M 代表基体，T 代表孪晶）；（d）区域 B 中相应的暗场 TEM 图像；（e）孪晶示意图；（f）取自图（a）中橙色方框 B 区域的 HRTEM 图片和相应的 SAED 图样

彩图

方框所示区域沿 2/3 [$1\bar{2}10$] 晶带轴拍摄的相应选区电子衍射图样。孪晶平面可以确定为是($10\bar{1}\bar{1}$),其属于 {$10\bar{1}1$} 孪晶系统。图 4-8(e)展示了 {$10\bar{1}1$} 孪晶的示意图,其中 x 平行于 2/3 [$1\bar{2}10$],y 平行于 [$\bar{1}012$],z 垂直于 {$10\bar{1}1$} 平面。{$10\bar{1}1$} 孪晶系统通常存在于压缩应变中,并可以促进 c 轴负方向的塑性应变。更有趣的是,在拉伸变形后,在同一样品中不仅发现了预期的拉伸孪晶,还发现了异常压缩孪晶的存在。{$11\bar{2}4$} 拉伸孪晶和 {$10\bar{1}1$} 压缩孪晶对于 c 轴正方向和负方向的贡献丰富了塑性变形系统的多样性。α 相的孪晶变形与 β 相的滑移变形共同参与了整个塑性变形过程,从而提高了双级时效合金塑性变形过程中的协调变形能力。孪晶诱发的塑性(TWIP)也解释了双级时效合金保持高强度的同时仍然具有良好的延展性的原因。最终,双级时效后可以获得 1439 MPa 的较高的抗拉强度,同时保持 8.25% 的可接受伸长率。

(资料来源:刘泽栋(导师杜赵新),内蒙古工业大学硕士学位论文,2022 年)

4.4 等离子体原子发射光谱分析

4.4.1 实验目的

(1)了解电感耦合等离子体原子发射光谱仪(ICP-AES)的基本构造与测量原理;

(2)了解 ICP-AES 光谱仪分析的过程及步骤;

(3)掌握给定材料中元素含量的测定;

(4)培养学生的科研兴趣。

4.4.2 电感耦合等离子体概述

电感耦合等离子体(ICP)是通过电感耦合的方式使气体电离形成的等离子体。为了形成稳定的 ICP 焰炬,必须有高频电磁场、工作气体和能维持气体稳定放电的石英炬管三个条件。ICP 的主体是石英炬管,是由绕有感应线圈的三层石英管制成的同心结构,此感应线圈与高频发生器相连,高频发生器(频率为 4 ~ 50 MHz,功率为 1 ~ 10 kW)通过感应线圈把能量耦合给等离子体。

有三股惰性气体流(通常是氩气流)分别进入炬管。三股气流中,最外层气流称为等离子气流,其作用是把等离子体焰炬和石英管隔离开,以免烧坏石英炬管,由于它的冷却作用使等离子体的扩大受到抑制而被“箍缩”在外管内,从切向进气所产生的涡流使等离子焰炬保持稳定;中间管气流是点燃等离子体时通入的,称为辅助气流,形成等离子焰炬后可以关掉,在点燃时它有保护中心管口的作用;内管气流主要作用是在等离子中打通一条通道,并载带试样气溶胶进入等离子体,称为载气或进样气。由于在常温下气体是不导电的,高频能量不会在气体中产生感应电流,因而也就不会形成 ICP 焰炬。欲使气体变成导体,就必须设法使部分气体电离,通常采用热致电离和场致电离两种方法。

ICP 的工作原理和高频感应加热金属一样,在 ICP 中加热的是通过石英管的气体。当高频电流流过线圈时,就产生一个轴向高频磁场,用高频探漏器“点燃”,这时一些气体原子就会被电离,所产生的载流子(电子和离子)就在磁场作用下运动。它们与气体、其他原子碰撞时又会使之电离产生更多的载流子。当载流子多到足以使气体有足够的电导率时，在气流垂直于磁场方向的截面上就会产生一个闭合圆形路径的涡电流，这个涡电流瞬间就会使气体形成高达10000 ℃的高温稳定等离子。气流从切线方向送入最外层石英管内，使等离子体离开外层管内壁，既保护了石英管也参与了放电过程。中层管内的气流起到维持等离子体的作用，载气由中央注入管进入等离子体内。由于高频电泳的趋肤效应，等离子体内的电流密度在外围圆周上最大，在轴线上最小。当频率给定、载气流速超过一定值时，它就沿轴线穿透等离子体，产生一条暗的、温度较低的中央通道。试样由载气带入通道，被环状高温等离子体加热至6000～7000 ℃，而被原子化、被激发。

4.4.2.1 ICP-AES 仪器装置

ICP-AES OPTIMA7000DV 仪器照片如图4-9 所示。它可以测定全部金属元素及部分非金属元素，广泛应用于环境科学、地质学、材料科学、化学以及冶金等领域。仪器光谱范围为165～850 nm，分辨率200 nm 处达到0.003 nm，检出限多数元素达到0.1 ppb（$\times 10^{-9}$）级。

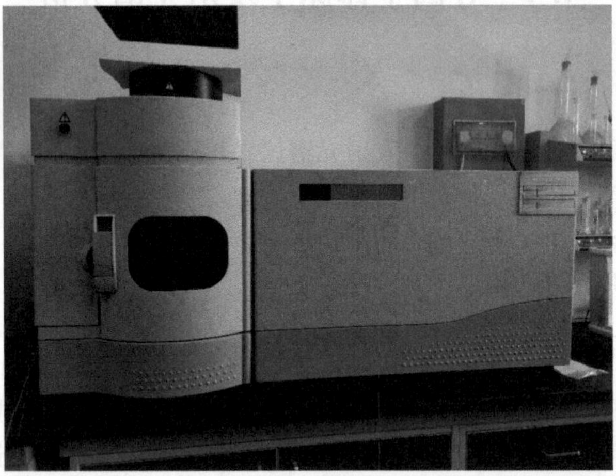

彩图

图4-9 ICP-AES OPTIMA7000DV 仪器照片

4.4.2.2 ICP-AES 一般分析步骤

（1）编制分析程序。在样品分析前，应在计算机上编制与该类样品相适应的分析控制表，表内包括分析元素、波长、左右背景扣除、预燃时间、曝光时间、低标和高标浓度值及干扰参数等。在样品分析前，应做好干扰元素的干扰实验，求得干扰系数，反复验证后输入计算机应用程序。

（2）光学系统调整。每次进行分析前，为使分析线的峰值更准确地正对出射狭缝，必须进行波长校正，校正方法应按各型号的仪器说明书执行。

（3）分析条件选择（最佳比）。在进行分析前，需调节输入功率、载气压力及流量、观察高度、溶液提升率、曝光和清洗时间等参数，并用Cd（1 mg/L）溶液和空白溶液进行仪器信背比（分析线强度与背景强度之比）实验，以确定仪器最佳工作条件。

（4）标准化。在仪器的最佳条件下，点燃等离子体，待等离子体炬焰稳定后（通常需要20～30 min），将系列标准溶液引入炬焰，对仪器进行标准化，使仪器示值与标准溶液的标示值相符。

（5）样品分析。在上述条件下引入样品溶液到炬焰中激发，曝光后清洗时间应大于30 s，测定结果由计算机处理，显示器显示或打印。

4.4.2.3　ICP 的优缺点

（1）优点。

1）由于分析时是将溶液试样雾化，所以不管是酸性或碱性、水相或有机相都可以分析。

2）灵敏度高，精度好。

3）化学干扰少。当试样通过温度高达6000 ~7000 ℃的等离子体炬时，几乎全部原子化，化学干扰可忽略不计，故不必添加防干扰剂。

4）线性范围广，可达5 ~6 个数量级，适用于快速分析。

5）稳定性高。

6）可多元素同时分析。

（2）缺点。

1）物理干扰因溶液试样的密度、黏度和表面张力不同而使雾量不同，雾的粒径也有变化，使灵敏度下降。

2）光学干扰大，即背景噪声大。分光器不能分离的近邻线多。

3）有离子化干扰。

4.4.3　实验仪器

电感耦合等离子体原子发射光谱仪（ICP-AES 仪）。

4.4.4　实验内容

测定给定材料中元素组成及含量。

4.4.5　实验要求

（1）简述等离子体原子发射光谱分析的基本原理和基本步骤；

（2）结合实验数据分析样品中各元素的含量。

4.4.6　课程思政驿站　1235D 铝合金成分分析（科研案例）

实验利用ICP-AES OPTIMA7000DV 测定了1235D 铝合金中 Sc 和 Zr 元素的含量。具体步骤如下所述。

（1）样品制备：首先将1235D 铝合金转化为液态形式，选用重量为50 mg 的1235D 铝合金样品置于烧杯中，使用10 mL 浓盐酸消解，确保所有目标元素都以离子状态存在于溶液中，再与蒸馏水搭配为100 mL 的最终溶液。

（2）雾化与蒸发：样品溶液被引入到ICP 炬管中，在那里它被转化成细小的雾滴，然后迅速蒸发。

（3）离解与激发：蒸发后的原子或分子在高温（为8000 ~10000 K）的等离子体环境中被离解为自由原子，并进一步受到高能量的激发，从基态跃迁到激发态。

（4）发射光谱检测：当这些激发态的原子回到基态时，它们会发射出特定波长的光子，这些光子的波长对应于各个元素特有的能级差。通过测量不同波长的光强度，可以确定样品中各元素的存在及其浓度，结果显示元素含量单位为 mg/L，可以通过换算来得到质量百分比。实验结果见表 4-2。

表 4-2　1235D 铝合金中 Sc 和 Zr 元素的含量

分析元素	校准均值	校准	标准偏差
	强度	数值/单位	
Sc 361.383	162861.1	0.029 mg/L	0.0018
Zr 343.823	1506467.9	1.322 mg/L	0.0779

（资料来源：崔亚明（导师巩天浩），内蒙古自治区直属高校基本科研业务费项目，2024 年）

4.5　准静态拉伸实验

4.5.1　实验目的

（1）观察碳钢（塑性材料）、铸铁（脆性材料）在准静态拉伸过程中的各种现象（包括屈服、强化和颈缩等现象），并绘制拉伸图；

（2）计算碳钢试样的屈服极限 σ_s、强度极限（抗拉强度）σ_b、断后伸长率 δ 和断面收缩率 ψ，计算铸铁的强度极限 σ_b；

（3）比较不同材料（Q235、40Cr、45 钢、铸铁等）的力学性能及断口形貌；

（4）培养学生的工匠精神和责任意识。

4.5.2　拉伸实验概述

材料的弹性、强度、塑性、应变硬化等许多重要的力学性能指标统称为拉伸性能。静载拉伸实验是最基本、应用最广的材料力学性能实验。一方面，由静载拉伸实验测定的力学性能指标，可以作为工程设计、评定材料和优选工艺的依据，具有重要的工程实际意义；另一方面，静载拉伸实验可以揭示材料的基本力学行为规律，也是研究材料力学性能的基本实验方法。

静载拉伸实验通常是在室温和轴向加载条件下进行的，其特点是实验机加载轴线与试样轴线重合，载荷缓慢施加，应变与应力同步，试样应变速率$\leqslant 10^{-1}/s$。在材料实验机上进行静拉伸实验，试样在负荷平稳增加下发生变形直至断裂，可得出一系列的强度指标（屈服强度 σ_s 和抗拉强度 σ_b）和塑性指标（伸长率 δ 和断面收缩率 ψ）。通过实验机自动记录装置可绘出试样在拉伸过程中的伸长和负荷之间的关系曲线，即 $F\text{-}\Delta L$ 曲线，习惯上称此曲线为试样的拉伸图。图 4-10（a）为低碳钢的拉伸图。

试样拉伸过程中，开始试样伸长随载荷成比例地增加，保持直线关系。当载荷增加到一定值时，拉伸图上出现平台或锯齿状。这种在载荷不增加或减小的情况下，实验还继续伸长的现象称为屈服，屈服阶段的最小载荷是屈服点载荷 F_s，F_s 除以试样原始横截面面积 A_0 即得到屈服极限 σ_s：

$$\sigma_s = \frac{F_s}{A_0} \tag{4-3}$$

试样屈服后，要使其继续发生变形，则要克服不断增长的抗力，这是由于金属材料在塑性变形过程中不断发生强化。这种随着塑性变形增大，变形抗力不断增加的现象称为形变强化或加工硬化。由于形变强化的作用，这一阶段的变形主要是均匀塑性变形和弹性变形。当载荷达到最大值 F_b 后，试样的某一部位截面积开始急剧缩小，出现“缩颈”现象，此后的变形主要集中在缩颈附近，直至达到 F_e 试样拉断。最大载荷 F_b 除以试样原始横截面面积 A_0 得到强度极限（抗拉强度）σ_b：

$$\sigma_b = \frac{F_b}{A_0} \tag{4-4}$$

拉伸实验还可得到塑性指标，即伸长率 δ 和断面收缩率 ψ。

伸长率 δ 为拉断后的试样标距部分所增加的长度与原始标距长度的百分比，即

$$\delta = \frac{l_1 - l_0}{l_0} \times 100\% \tag{4-5}$$

式中，l_0 为试件原始标距，为 100 mm；l_1 为试件拉断后标距长度。

断面收缩率 ψ 为测定低碳钢的断面收缩率，试件拉断后，在断口处两端沿互相垂直的方向各测一次直径，取平均值 d_1 计算断口处横截面面积，再按下式计算面积收缩率：

$$\psi = \frac{A_0 - A_1}{A_0} \times 100\% \tag{4-6}$$

式中，A_0 为试件原始横截面面积；A_1 为试件拉断后断口处最小面积。

试件开始受力时，由于头部在夹头内滑动较大，故绘出的拉伸图最初一段是曲线。分析时应将直线段延长与横坐标相交于 o 点，作为坐标原点。oa 段为弹性阶段载荷与变形成正比，ab 段为滞弹性阶段，bc 段为微塑性应变阶段，cde 段为屈服阶段，ef 段为强化（塑性应变硬化）阶段，fg 段为颈缩阶段，至 g 点试件被拉断。

铸铁的拉伸图如图 4-10（b）所示。铸铁试件在承受拉力变形极 h，就达到最大载荷而突然发生断裂。它没有屈服和颈缩现象，故在拉伸时，一般只能测定其强度极限 σ_b，试件沿横截面断裂。

$$\sigma_b = \frac{F_b}{A_0} \tag{4-7}$$

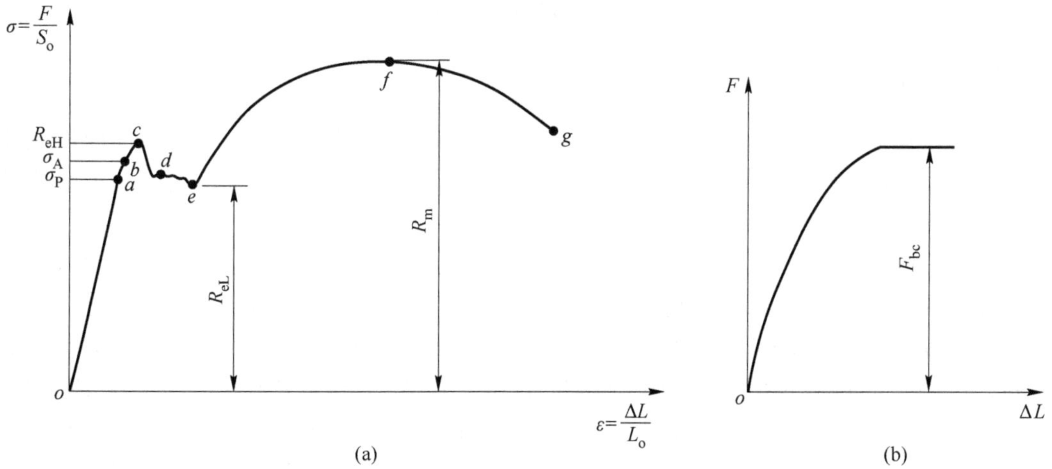

图 4-10 拉伸图

（a）低碳钢的拉伸图；（b）铸铁的拉伸图

4.5.3 实验设备与材料

（1）实验设备。

SHT4605 型微机控制电液伺服万能实验机、WDW-300/100 G 拉伸实验机、游标卡尺。

（2）实验材料。

直径为 d 的圆截面试样，短试样与长试样的标距为 $5d$ 和 $10d$，本实验采用圆截面的长试样（$d_0=10$ mm，$l_0=100$ mm）。

圆截面拉伸试样如图 4-11 所示。

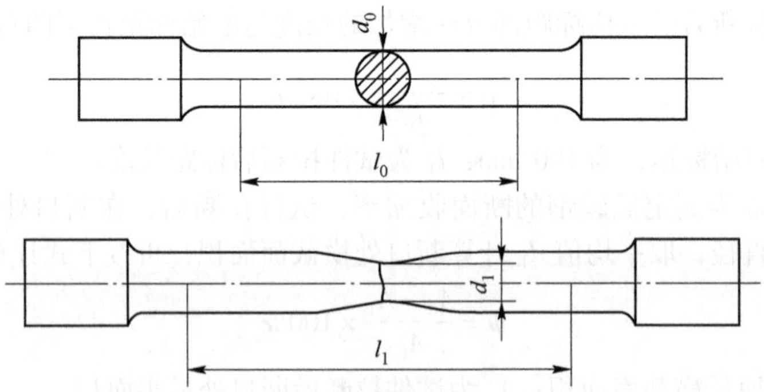

图 4-11 圆截面拉伸试样

4.5.4 实验内容

（1）了解材料实验机的构造、原理及操作。

（2）列表记录钢、铸铁试样的原始尺寸及实验后尺寸，计算出试样横截面面积 A 以及长度 l 的变化。

（3）画出力-位移曲线，根据测试所得的屈服载荷 P_s 以及最大载荷 P_b 计算钢试样的屈服极限 σ_s、强度极限 σ_b 及铸铁试样的强度极限 σ_b。

（4）比较多种材料的力学性能特点、断口形貌及断裂方式。

4.5.5 实验过程

（1）试样准备。测量标距两端及中间三个截面积处的直径，在每一横截面内沿互相垂直的两个直径方向各测量一次并取平均值得到 d_0，用测得的三个平均值中的最小值计算试样的横截面积 A_0，然后将 d_0 与 A_0 填入表中。

（2）实验机准备。打开计算机，进入实验机控制系统主界面，在用户参数输入区输入实验参数（试样标距、试样直径等），然后单击“实验”按钮进入实验。

（3）安装试样。调整下横梁使上下夹头的距离小于试样的长度，将试样安装在实验机的上夹头内，再调整下横梁使其到达适当位置，把力值清零，然后夹紧下夹头，位移值清零。

（4）加载。拨动控制柜上的“加荷”旋钮，单击屏幕右边的“运行”按钮加载，注意观察实验曲线的变化情况，若出现力值或位移为负值以及其他异常情况需立即按下设备的“急停”按钮或者软件的“停止”按钮。

（5）卸载。实验结束后拨动控制柜上的“快退”旋钮，取下试样，将钢试样的屈服载荷和最大载荷记录于表格中。然后将断裂试样的两段沿中心线对齐靠紧，用游标卡尺测量断后标距段的长度 l_1，测量两段断口颈缩处的直径 d_1，测量时应在每一断口处沿着两个互相垂直方向各测一次，取其平均值，最后取其中最小值计算断口处的最小横截面积 A_1，把测量值填入表中。将铸铁试样的最大载荷 P_b 记录于表中。

4.5.6 实验结果

（1）根据屈服载荷 P_s(N) 以及最大载荷 P_b(N) 计算钢试样的屈服极限 σ_s(MPa)、强度极限 σ_b(MPa) 以及铸铁试样的强度极限 σ_b(MPa)，计算公式为：

$$\text{屈服极限}\ \sigma_s = \frac{P_s}{A_0} \quad \text{强度极限}\ \sigma_b = \frac{P_b}{A_0}$$

（2）根据试样前后的标距段长度及横截面积计算碳钢试样的伸长率 δ(%) 及断面收缩率 ψ(%)，计算公式为：

伸长率 $$\delta = \frac{l_1 - l_0}{l_0} \times 100\%$$

断面收缩率 $$\psi = \frac{A_0 - A_1}{A_0} \times 100\%$$

（3）实验数据填入表 4-3。

表 4-3 实验数据表

数据试样种类	铸铁	______钢
d_0/mm		
d_1/mm	—	
l_0/mm	—	
l_1/mm	—	
A_0/mm^2		
A_1/mm^2	—	
P_s/N	—	
P_b/N		

（4）试样拉伸图如图 4-12 所示，将多个试样绘制到一个图中，横坐标为位移，纵坐标为力，横纵坐标需标记刻度值，曲线上标记试样名。

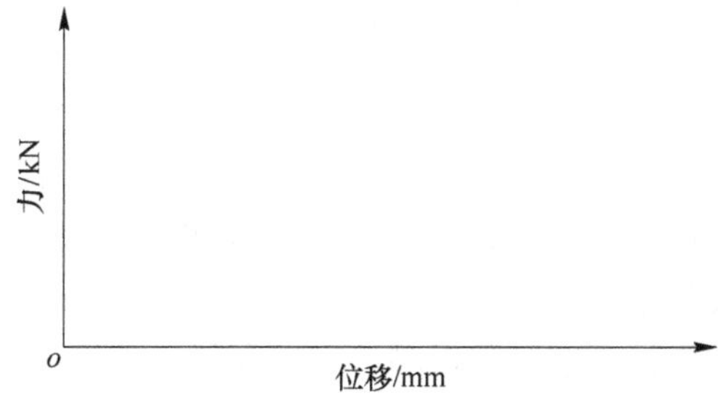

图 4-12 试样拉伸图

4.5.7 实验结果分析

（1）铸铁为______（脆、塑）性材料，断口形貌呈______状，断口（有无）______收缩，断口颜色为______，抗拉强度（大小）较______，实验结果计算如下：

强度极限 $\sigma_b = \dfrac{P_b}{A_0} =$ MPa

（2）______钢为______（脆、塑）性材料，拉伸时发生截面缩减的______现象，拉伸分为______、______、______、______、______阶段，断口（收缩与否）______，断口形貌呈______状，断口为______光泽，抗拉强度（大小）较______，实验结果计算如下：

屈服极限 $\sigma_s = \dfrac{P_s}{A_0} =$ MPa

强度极限 $\sigma_b = \dfrac{P_b}{A_0} =$ MPa

断后伸长率 $\delta = \dfrac{l_1 - l_0}{l_0} \times 100\% =$ %

断面收缩率 $\psi = \dfrac{A_0 - A_1}{A_0} \times 100\% =$ %

4.5.8 实验注意事项

（1）开机，按下电源开关、油泵启动开关，启动油泵电机（SHT4605 特有）；通过手动控制盒上的按钮控制升降电机，带动丝杠移动下横梁于适当位置；调好夹持空间后，按手动控制盒上的按钮控制上、下夹头的“夹紧”按钮将试样夹紧（SHT4605 特有），WDW—300/100 G 拉伸实验机需手动夹紧试样。

（2）试样夹持在上下钳口内，应保证两端各有 2/3 部分被夹持。

（3）严格按照设备操作规程进行操作，在整个操作过程中须集中注意力，手不得伸入夹块之间，以防止机械损伤发生。

（4）正确选择夹具，不得超载。试样标距及直径的测量要准确。

（5）启动实验软件后，不得关闭计算机电源；退出实验软件后才允许关闭计算机电源，否则将造成系统软件破坏。

4.5.9 课程思政驿站 德国艾雪德事件

1998 年 6 月 3 日 10 时 58 分，一辆运载 287 人的德国城际特快列车（ICE）从德国慕尼黑开往汉堡，在途经小镇艾雪德附近的时候突然脱轨。短短 180 s 内，时速 200 km 的火车冲向树丛和桥梁，300 t 重的双线路桥被撞得完全坍塌，列车的 8 节车厢依次相撞在一起，挤得仅剩下一节车厢的长度。这场列车事故造成 101 人死亡，遇难者还包括两名儿童。

城际特快列车于 1991 年在德国正式投入运营。代表高科技的 ICE 列车高速行驶了 7 年，无一例死亡事故记录，直到 1998 年此次事故发生。调查最终认定，列车车轮外钢圈因疲乏爆裂是引发事故的主因。

惨痛的事故是敲响的警钟，它时刻提醒着人们在每一次设计、施工、监督和验收等阶段的责任和使命。

（资料来源：网络）

4.6 不同材料的冲击韧性

4.6.1 实验目的

（1）了解冲击实验设备与方法，测定铸铁与低碳钢的冲击吸收功；

（2）根据冲击吸收功与缺口处截面面积计算冲击韧性值；

（3）培养学生的工匠精神和责任意识。

4.6.2 冲击韧性概述

韧性是金属材料重要的性能指标之一，它体现了金属材料的强度、塑性，韧性越好，金属材料越不易发生脆性断裂。

韧性包括断裂韧性和冲击韧性，冲击韧性是指材料在冲击载荷作用下吸收塑性变形功和断裂功的能力，反映材料内部的细微缺陷和抗冲击性能。冲击韧性是一个综合的力学性能指标，与材料的强度、塑性以及试样的形状、尺寸、缺口形式有关。因此，冲击韧性只是材料抗冲击断裂的参考性指标，只能在规定的条件下进行相对比较，而不能代换到具体零件上进行定量计算。一般情况下，低碳钢的冲击韧性大于铸铁，低碳钢有纤维区，韧性好。

材料在冲击载荷作用下，产生塑性变形和断裂过程吸收能量的能力，称为材料的冲击韧性。用实验方法测定材料的冲击韧性时，是把材料制成标准试样，置于能实施打击能量的冲击实验机上进行的，并用折断试样的冲击吸收功来衡量。

按照不同的实验温度、试样受力方式、实验打击能量等来区分，冲击实验的类型繁多；按实验温度不同而分为常温、低温和高温冲击实验三种；若按试样缺口形状又可分为“V”形缺口和“U”形缺口冲击实验两种。冲击实验利用的是能量守恒原理，即冲击试样消耗的能量是摆锤实验前后的势能差。

冲击实验机由摆锤、机身、支座、度盘、指针等几部分组成，如图 4-13 所示。实验时，将带有缺口的受弯试样安放于实验机的支座上，举起摆锤使它自由下落将试样冲断。若摆锤重量为 G，冲击中摆锤的质心高度由 H_0 变为 H_1，势能的变化为 $G(H_0-H_1)$，它等于冲断试样所消耗的功 W，亦即冲击中试样所吸收的功为：

$$A_k = W = G(H_0 - H_1) \tag{4-8}$$

设摆锤质心至摆轴的长度为 l（称为摆长），摆锤的起始下落角为 α，击断试样后最大扬起的角度为 β，式（4-8）又可写为：

$$A_k = Gl(\cos\beta - \cos\alpha) \tag{4-9}$$

α 一般设计成固定值，为适应不同打击能量的需要，冲击实验机都配备两种以上不同重量的摆锤，β 则随材料抗冲击能力的不同而变化，如事先用 β 最大可能变化的角度计算出 A_k 值并制成指示度盘，A_k 值便可由指针指示的位置从度盘上读出。A_k 值的单位为焦耳。

A_k 值越大，表明材料的抗冲击性能越好。A_k 值是一个综合性的参数，不能直接用于设计，但可以作为抗冲击构件选择材料的重要指标。

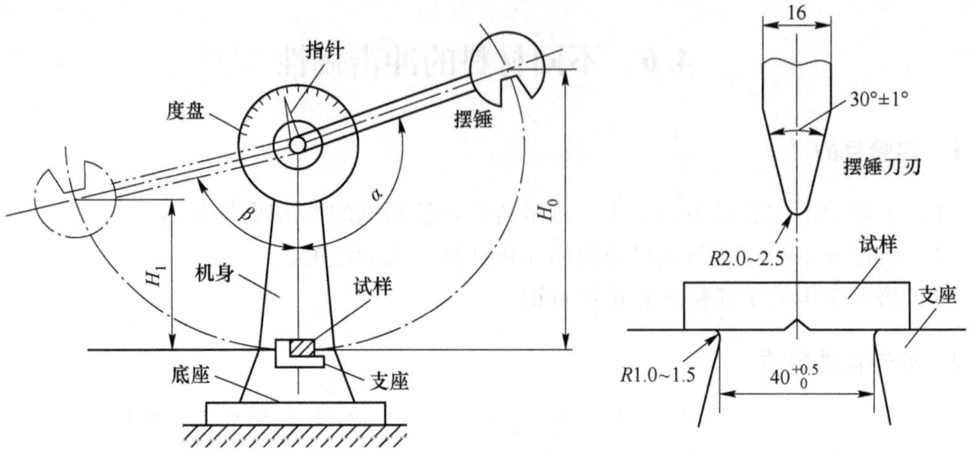

图 4-13 摆锤冲击实验机示意图

值得指出的是，冲击过程所消耗的能量，除大部分为试样断裂所吸收外，还有一小部分消耗于机座振动等方面，只因这部分能量相对较小，一般可以省略。但它却随实验初始能量的增大而加大，故对 A_k 值原本就较小的脆性材料，宜选用冲击能量较小的实验机。如用大能量的实验机将影响实验结果的真实性。

材料的内部缺陷和晶粒的大小对 A_k 值有明显影响，因此可用冲击实验来检验材料质量，判定热加工和热处理工艺质量。A_k 值对温度的变化也很敏感，随着温度的降低，在某一狭窄的温度区间内，低碳钢的 A_k 值骤然下降，材料变脆，出现冷脆现象。所以常温冲击实验一般在 10 ~ 35 ℃的温度下进行，A_k 值对温度变化很敏感的材料，实验应在 (20 ± 2) ℃进行。温度不在这个范围内时，应注明实验温度。

4.6.3 实验设备与材料

（1）实验设备。

JBN-300 摆锤式冲击实验机，Resture 电子游标卡尺。

（2）实验材料。

铸铁和低碳钢。

（3）试件形状与尺寸见表 4-4。

表 4-4 试件形状与尺寸

试 件	铸 铁	低 碳 钢
冲击前试件原始形状图	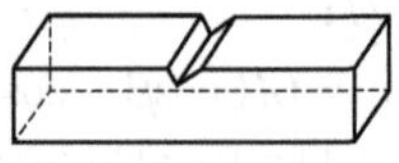	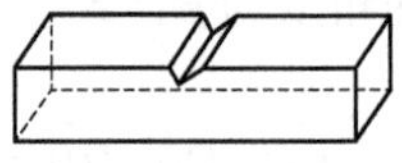
冲击后试件断后形状图	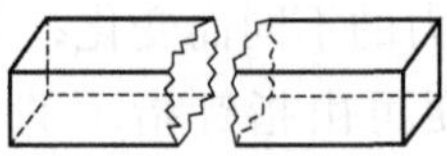	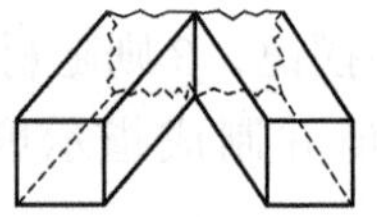
缺口处尺寸 $L \times L_1$/mm × mm		
横截面积 S_n/cm^2		

4.6.4 实验内容与方法

(1) 测定试样缺口处的截面尺寸，测量三次，取平均值；
(2) 选择实验机度盘和摆锤大小；
(3) 打开电源开关，按提升按钮，使摆杆扬起一定高度；
(4) 安装冲击试样，缺口背对摆锤刀口，使缺口尖端位于受拉面并对中；
(5) 按下落按钮，使摆杆自由下落，冲断试样；
(6) 冲击后，冲击摆自动回到取摆位置；
(7) 在度盘上记下试样 A_k 值；
(8) 观察断口形貌，填入表 4-5。

表 4-5 断口形貌

试　件	冲击吸收功/J	冲击韧性/(J·cm^{-2})	有无纤维区
铸铁			
低碳钢			

4.6.5 实验注意事项

(1) 实验前必须对实验机的情况进行检查（如冲击摆锤上的螺钉是否松动，摆锤是否在铅垂位置，150 J/300 J 摆锤型号的选择是否正确），以保证实验时的安全和避免机件的损坏。

(2) 检查和调整钳口与摆锤的相对位置；实验时两钳口的跨距应为 40 mm，钳口的位置须与摆锤上的刀刃相对称。钳口跨距及位置的调整可利用样板来进行。

(3) 注意冲击试样缺口处横截面尺寸的测量单位为毫米，计算面积后的单位应转换为平方厘米。

(4) 试样的安装：使用专用夹具放置试样，要使其切槽背面对着刀刃，平放在两个钳口支架上，并挨紧钳口然后用试样板找正，使试样上的缺口正好位于钳口跨距中间，找正后即可进行冲击实验。在安放试样时，切不可操作控制面板上的按钮，以防止冲击摆掉下来发生工伤事故。

(5) 冲击实验：装好试样后，将仪表盘指针拨到最大刻度值处，然后单击“冲击”按钮，冲击摆即开始下落并冲击试样。冲断试样后，冲击摆自动回到取摆位置。读取数值，记录数据，进行下次实验。冲击试样时，要远离护栏，防止冲断后的试样飞出发生意外。

(6) 数据处理：由于一般试样具有切槽，而在切口底处的面积并不等于 100 mm^2。因而冲击后读数盘上所读取的数值并不是被试材料的单位冲击韧性值；为了求出材料的单位冲击韧性值，则实验后应将读数盘上所读取的数值除以试样断面的实际面积。

4.6.6 课程思政驿站　中国自主研发“长征五号”运载火箭铝合金材料

在长征五号运载火箭研发过程中，液氢液氧发动机燃料储箱的材料选择是关键技术难题。液氢温度低至 −253 ℃，普通金属材料在此温度下会因冲击韧性急剧下降而发生脆性断裂。中国航天科技集团联合东北大学、中南大学等高校科研团队以及相关企业攻坚克难，其中西南铝业（中铝西南铝业有限责任公司）在这一技术攻关中发挥了核心作用。他们历时十余年自主研发了新型低温高韧性铝合金（5A90），成功解决了这个问题。

目前，我国自主研发的低温燃料储箱用5A90铝合金主要应用在液氢液氧发动机燃料储箱（工作温度 -253 ℃），该材料在 -253 ℃下冲击韧性（A_k值）达28 J，是国际同类材料标准的1.5倍。抗拉强度不小于300 MPa，伸长率不小于10%（满足GJB标准上限）。研发的5 m级整体铝合金锻环主要应用在火箭过渡环、转接框等主承力结构中，该段环直径为5 m，是国内最大的火箭结构件，在 -196 ℃下A_k值不小于20 J，突破了传统铝铜合金脆性阈值。

（资料来源：网络）

5 其他相关实验

5.1 各种显微镜的构造及正确使用

5.1.1 实验目的

（1）了解金相显微镜的结构原理，熟悉各种部件的作用；

（2）掌握分辨率的概念及其影响因素；

（3）学会正确操作金相显微镜。

5.1.2 显微镜概述

材料的微观组织形貌观察主要是依靠显微镜技术。光学金相显微镜是研究金相试样观察面显微组织最常用、最重要的光学仪器。利用它可将观察面上肉眼看不到的组织及缺陷放大来进行观察。1863 年索拜（Sorby）首先将它用于材料研究之中，100 多年来，光学金相显微镜在光源和照明方式上已有许多改进。今天，一台功能完整的光学金相显微镜不仅可进行明场、暗场、偏振光、相衬及干涉相衬观察，还可进行显微硬度测定与显微摄影等。

5.1.2.1 光学金相显微镜的成像原理

众所周知，放大镜是一种简单的光学仪器，它实际上是一块聚透（凸透）镜，可以将物体放大。金相显微镜不像放大镜那样由单个透镜组成，而是由两级特定透镜所组成。靠近被观察物体的透镜称为物镜，而靠近眼睛的透镜称为目镜。借助物镜与目镜的两次放大，就能将物体放大到很高的倍数（约 2000 倍）。图 5-1 所示为金相显微镜的光学原理。

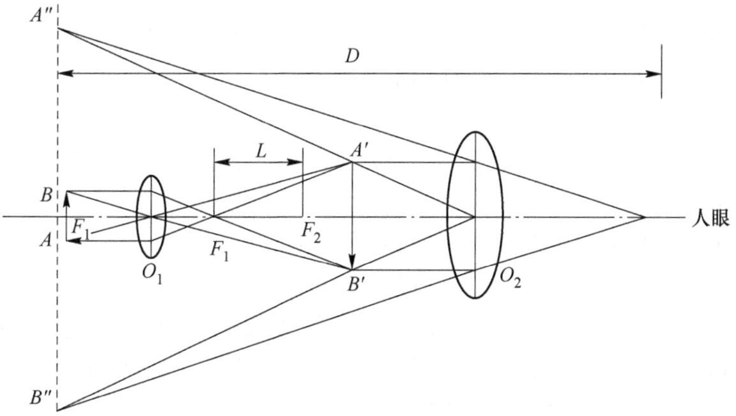

图 5-1　金相显微镜的光学原理

由图 5-1 可知，被观察的物体 AB 放在物镜之前距其焦距略远一些的位置，由物体反射的光线穿过物镜，经折射后得到一个放大的倒立实像 $A'B'$，目镜再将实像 $A'B'$ 放大成倒立虚像 $A''B''$，这就是我们在显微镜下研究实物时所观察到的经过二次放大后的物像。在计显微镜时，让物镜放大后形成的实像 $A'B'$ 位于目镜的焦距 f 之内，并使最终的倒立虚像物 $A''B''$ 在距眼睛 250 mm 处成像，这时观察者看得最清晰。显微镜的总放大倍数 M 应为物镜放大倍数 $M_{物}$ 与目镜放大倍数 $M_{目}$ 与目镜放大倍数 $M_{目}$ 的乘积，即

$$M = M_{物}\ M_{目} \tag{5-1}$$

透镜成像规律是依据近轴光线得出的结论。近轴光线是指与光轴接近平行（即夹角很小）的光线。由于物理条件的限制，实际光学系统的成像与近轴光线成像不同，两者存在偏离，这种相对于近轴成像的偏离称为像差，像差的产生降低了光学仪器的精确性。按产生原因，像差可分为两类：一类是单色光成像时的像差，称为单色像差，如球差、慧差、像散、像场弯曲和畸变均属单色像差；另一类是多色光成像时，由于介质折射率随光的波长不同而引起的像差，称为色差，色差又可分为位置色差和放大率色差。

透镜成像的主要缺陷就是球面像差和色差（波长差）。球面像差是指由于球面透镜的中心部分和边缘部分的厚度不同，造成不同折射现象，致使来自于试样表面同一点上的光线经折射后不能聚集于一点，因此使映像模糊不清。球面像差的程度与光通过透镜的面积有关，光圈放得越大，光线通过透镜的面积越大，球面像差就越严重；反之，缩小光圈，限制边缘光线射入，使用通过透镜中心部分的光线，可减小球面像差。但光圈太小，也会影响成像的清晰度。色差的产生是由于白光中各种不同波长的光线在穿过透镜时折射率不同而造成的，其中紫色光线的波长最短，折射率最大，在距透镜最近处成像；红色光线的波长最长，折射率最小，在距透镜最远处成像；其余的黄、绿、蓝等光线则在它们之间成像。这些光线所成的像不能集中于一点，而呈现带有彩色边缘的光环。色差的存在也会降低透镜成像的清晰度，应予以校正，通常采用单光源（或加滤光片），也可使用复合透镜来校正色差。显微镜的质量主要取决于透镜的质量、放大倍数和鉴别能力。

5.1.2.2 金相显微镜的构造

光学金相显微镜的结构常见的光学金相显微镜按类型可分为台式、立式及卧式三大类。各类显微镜的结构大体相似，主要由光学系统、照明系统和机械系统三个系统组成。

A 光学系统

光学系统中的主要构件是物镜和目镜，其作用是将观察面上的显微组织放大呈清晰的图像。物镜质量的优劣，常用以下特征指标来衡量。

a 数值孔径

数值孔径（常以 NA 表示）反映了物镜的聚光能力。数值孔径大的物镜，聚光能力强，从试样上反射进入物镜的光线就多，组织细节能鉴别得更清楚。数值孔径与物镜的孔径半角 α 及物镜与试样间介质折射率 n 有以下关系：

$$NA = n\sin\alpha \tag{5-2}$$

式（5-2）表明，当增大 α 及 n 时，数值孔径可提高。图 5-2（a）表明，当 α 一定时，采用干系物镜（物镜与试样间的介质为空气，$n=1$），从试样上反射的光线在 R_1 范围之内的均可进入物镜，而 R_1 以外的光线 R_2 则不能进入物镜；图 5-2（b）表明，如果采用油浸物镜（物镜与试样间的介质为松柏油，$n=1.5$），此时 R_2 可进入物镜。

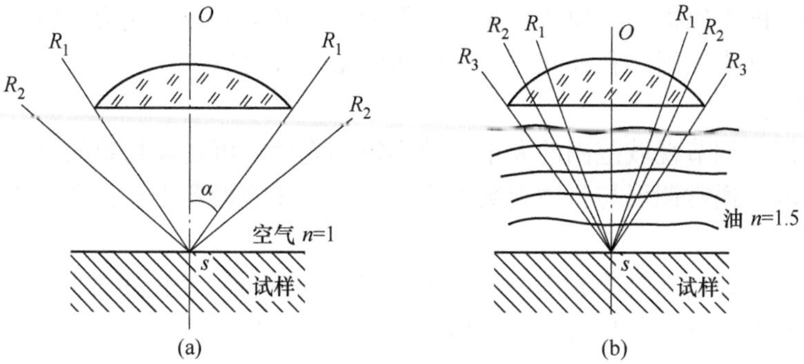

图 5-2 物镜与试样间的介质
（a）干系物镜；（b）油浸物镜

b 鉴别能力

鉴别能力是指物镜能分辨显微组织中两微细部分间的最小距离 d。根据理论推导得出

$$d = \frac{\lambda}{2NA} \tag{5-3}$$

式中，λ 为光的波长。

由式（5-3）可知，光源波长 λ 越短，数值孔径越大，则 d 值越小，即物镜的鉴别能力越强。在实际使用中，普通金相显微镜的最大鉴别能力 d 为 0.2 μm 左右。相应地，显微镜的最高放大倍数可达 1500～1600 倍。

c 垂直鉴别率

垂直鉴别率是指物镜对试样上凸凹不平组织清晰成像的能力。如果人眼分辨能力为 0.15～0.30 mm，则垂直鉴别率 h 可用下式表达：

$$h = \frac{n}{(NA)M} \times (0.15 \sim 0.30) \tag{5-4}$$

由式（5-4）可知，要想得到较大的垂直鉴别率，应选用数值孔径小、放大倍数低的物镜。因此，低倍观察的试样可比高倍观察的试样浸蚀深一些。

物镜的放大倍数及数值孔径常刻在物镜的外壳上，40× 及 0.65 分别表示该物镜的放大倍数及数值孔径。物镜还有消色差、复消色差、平面消色差及油浸物镜等之分。

目镜的主要作用是将物镜放大的实像再进行一次放大。常用的目镜有福根型目镜、补偿型目镜、放大型目镜及测微目镜。使用中应注意福根型目镜常与消色差物镜配合；补偿目镜常与复消色差物镜配合使用；放大型目镜则专门用来进行显微摄影；测微目镜用于测定晶粒大小、渗层厚度、显微硬度压痕的尺寸等。

B 照明系统

照明系统由照明源、孔径光栏、滤色片及垂直照明器等组成。

a 照明源

台式金相显微镜多采用 6～8 V 的低压钨丝灯作为照明源，而立式与卧式金相显微镜的照明源多采用卤钨灯及氙灯。

b 孔径光栏

孔径光栏主要用于控制入射光束的粗细。缩小孔光栏可降低显微镜筒内的反射与炫光，使物象的衬度得以提高。但孔径光栏缩得太小，又会使分辨能力下降，故一般调节到以观察物象最清晰为原则。孔径光栏置于照明源聚光镜之后。

c 视场光栏

视场光栏用于调节视域范围的大小。缩小视场光栏，可提高物象的衬度，且物镜的分辨能力不受影响。通常调至与目镜视域大小相同。视场光栏置于孔径光栏之后。

d 滤色片

滤色片的作用是用来吸收光源中波长不合需要的部分，使白色的复合光变为单色光。单色光的波长越短，则物象越清晰。常用的滤色为黄、绿、蓝三种。

e 垂直照明器

垂直照明器在显微镜中起着光线转向的作用。其类型分为平面玻璃和全反射棱镜两大类。用平面玻璃作为垂直照明器，能使反射光充满物镜的孔径角，以保证物镜的分辨能力。此种照明器多用于高倍观察。用棱镜作为垂直照明器时，入射光可进行全反射，因此视场内的高度比平面玻璃大，但因物镜的孔径角只有一半能进入光线，使物镜的分辨能力下降，故常用于低倍观察。

C 照明方式

a 明场照明

明场照明是指金相试样观察面的凹陷组织呈黑色的影像，衬映在明亮的视域内。此种照明方式的光路行程如图 5-3 所示。来自照明方式的光线，经垂直照明器反射后穿过物镜射到观察面上，由观察面上反射的光线再经物镜、目镜成像。此时，试样上的平坦部分呈明亮的像区，而凹陷部分将光线散射到物镜外呈暗黑色的影像，从而获得明场照明的观察效果。

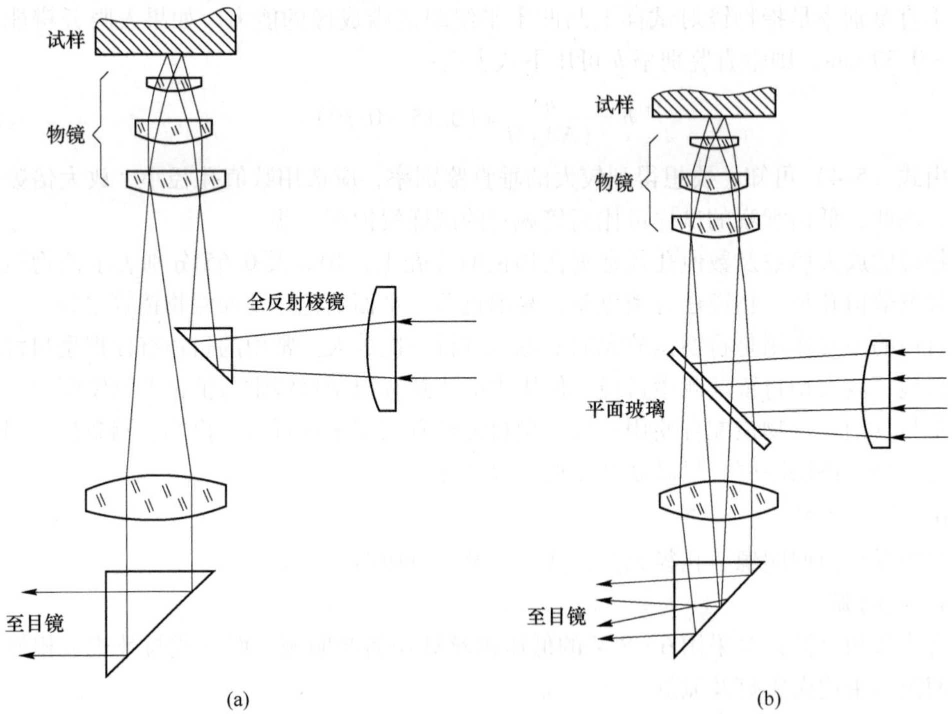

图 5-3 明场照明光路行程

（a）平面玻璃反射式垂直照明器的光路行程；（b）棱镜反射垂直照明器的光路行程

b 暗场照明

暗场照明是指金相试样观察面的凹陷组织呈白色的影像，衬映在黑暗的视域内。此种照明方式的光路行程如图 5-4 所示。来自照明源的平行光束穿过环形遮光板，经垂直照相转向，再经物镜外的曲面反射镜将光线反射到试样观察面上。由于观察面上平坦部分反射的光线不能进入物镜，以致形成黑暗的像区；而试样上凹陷部分产生的漫反射光，一部分可进入物镜，形成明亮的影像，从而获得暗场照明的观察效果。

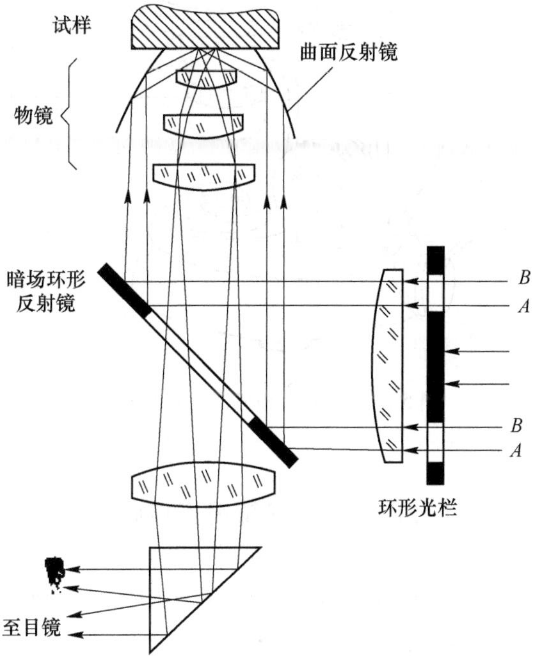

图 5-4 暗场照明光路行程

D 机械系统

显微镜的机械系统（以图 5-5 国产 4X 型金相显微镜为例）包括以下几部分。

（1）底座——起着去撑整个镜体的作用。

（2）载物台——放置被观察试样的台架。

（3）调焦手轮——用于聚焦时粗调和微调。

（4）摄影附件——用于显微组织的正确使用。

5.1.2.3 光学金相显微镜的正确使用

（1）合理地选择物镜和目镜。

物镜和目镜的配合应根据显微镜的有效放大倍数来确定。若以 $M_{有效}$ 表示，则 $M_{有效}=(500\sim1000)NA$。例如，选用 $NA=0.65$ 的 32 倍物镜，则 $M_{有效}=(500\sim1000)\times0.65=325\sim650$ 倍，此时应选用 10～20 倍的目镜。

（2）选择合理的照明方式。一般观察多用于明场，特殊情况下（检查非金属夹杂物等）用暗场。

（3）调节孔径光栏与视场光栏处于最佳状态。

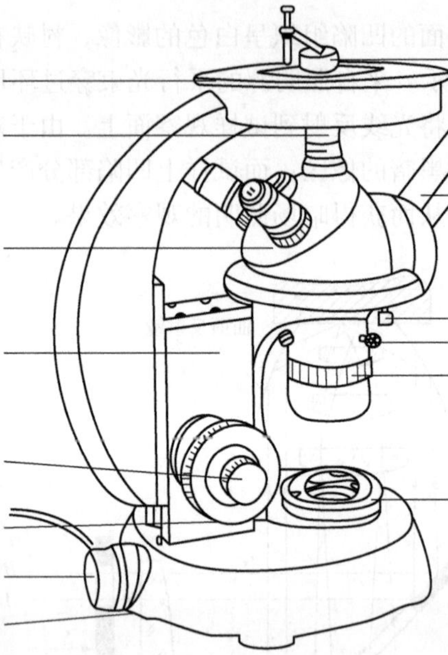

图 5-5 4X 型金相显微镜机械结构

（4）选择合适的滤色片。

（5）调整好工作距离。工作距离是指显微镜聚焦后，物镜前透镜与试样间的距离。物镜的放大倍数越大，工作距离越小。

（6）使用油物镜时，在物镜的前透镜上滴一滴松柏油，否则看不清物象。

5.1.2.4 使用光学金相显微镜的注意事项

（1）使用时首先接通光源，同时接通变压器。

（2）不得将浸蚀剂未干的试样置于载物台上进行观察，以免腐蚀物镜。

（3）不得用手帕等物擦拭物镜和目镜，必要时需用专用毛刷或擦镜纸轻轻擦拭。

（4）使用油物镜后，应用合适的清洗剂清洗干净。

（5）显微镜用毕后，应将物镜、目镜放置在装有干燥剂的容器内。

5.1.3 实验设备与材料

（1）实验设备。

带有不同垂直照明器及暗场观察的金相显微镜；物镜测微尺。

（2）实验材料。

已制备好的金相试样。

5.1.4 实验内容与方法

5.1.4.1 学会使用金相显微镜

（1）选取物镜及目镜，将物镜装在物镜座上，将目镜装在目镜筒内。装卸物镜、目镜时，应防止与它物发生碰撞。

（2）调整载物台，使之对准物镜中心，然后把纯铁试样放在载物台上，将试样的磨面对准物镜。

（3）调节物镜与试样间的工作距离（即聚焦）。调节时，应先用粗调手轮调动载物台，使之与物镜缓缓接近，直至目镜视域里观察到显微组织的轮廓时为止；然后再改用微调手轮调至出现最清晰的图像。注意不得使物镜与试样间发生碰撞。

（4）调整孔径光栏。首先关闭孔径光栏，使整个视域均匀变暗，随后将孔径光栏缓缓打开直至显微组织最清晰时为止。

（5）调整视域光栏。首先将光栏调至最小，随后逐渐放大，直至与目镜视域大小相同时为止。

（6）改变垂直照明器，观察视域内明暗程度的变化。

（7）改变滤色片的颜色，观察显微组织清晰程度的变化。

5.1.4.2 测微目镜的校正

（1）每人领取测微目镜和物镜测微尺（刻有按 0.01 mm 分度的玻璃尺，尺的刻度全长为 1 mm）各一只。

（2）将物镜测微尺的刻度视为被观察的对象，置于载物台上。

（3）焦调节，并在测微目镜中观察，使目镜上的刻度与物镜测微尺上的刻度重合，如图 5-6 所示。若物镜测微尺上的 n 个刻度与目镜微尺上的 m 个刻度重合，则可求出目镜测微尺的每格所量度的实际长度。即：

$$L = \frac{n}{m} \times 0.01 \tag{5-5}$$

由于不同的物镜与测微目镜配合时，其每小格所代表的实际长度不同，因此在更换物镜后，还需要校正测微目镜每格度量的长度。

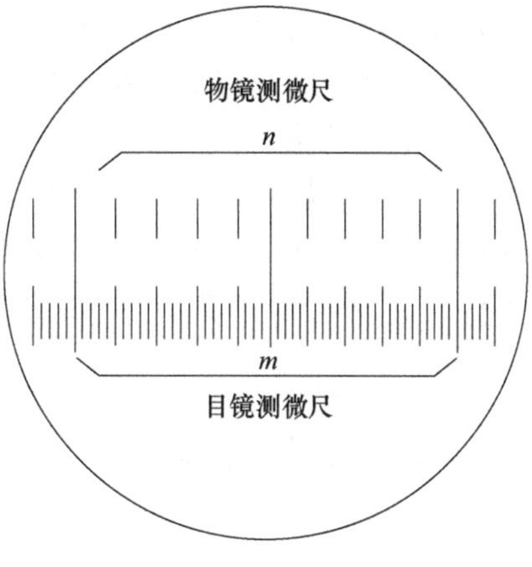

图 5-6 测微目镜刻度的校正

（4）用已校好的目镜测微尺测量纯铁晶粒的平均截线长，每次可在同一方向上连续测几个晶粒的总长，然后再求平均值。

5.1.5 实验要求

（1）学生进入实验室前必须做好实验预习，认真阅读实验指导书，明确实验目的、任务、有关原理、操作的主要步骤、注意事项；

（2）实验过程中必须严格遵守操作规程及注意事项，自觉遵守实验室各项规章制度；

（3）实验报告中要求有实验名称、实验目的、实验设备；

（4）简述金相显微镜的放大原理及主要结构；

（5）画出明场和暗场下所观察到的纯铁显微组织示意图，并进行比较；

（6）求出测微目镜的校正结果及纯铁晶粒平均截线长的测量结果。

5.1.6 课程思政驿站 显微镜发展史

显微镜的发展历史悠久，从最早的简单放大镜到现代的电子显微镜，经历了多个重要的阶段。

（1）早期的放大镜：早在16世纪，人们就开始使用放大镜来观察微小的物体。这些放大镜通常是由凸透镜制成，可以产生物体的放大影像。当时的放大镜的放大倍数最多不过25倍。

（2）复式显微镜的发明：1595年，荷兰的著名磨镜师詹森（Janssen）发明了第一个简陋的复式显微镜。这个显微镜由三个镜筒连接而成。其中中间的镜筒较粗，是手握的地方。另外两个镜筒分别插入它的两端，可以自由伸缩，从而达到聚焦的目的。镜头两个，都是凸透镜，分别固定在镜筒的两端。物镜是一个只有一个凸面的单凸透镜。目镜是一个有两个凸面的双凸透镜。当这个显微镜的两个活动镜筒完全收拢时，它的放大倍数是3倍；当两个活动镜筒完全伸出时，它的放大倍数是10倍。

（3）列文虎克的贡献：世界上第一台真正意义上的显微镜出现在17世纪晚期，发明者是荷兰的布匹商人、显微镜的先驱人物——列文虎克。他自己磨制出了简易的显微镜，只有一个镜片，可以用手拿着进行观察。通过创新型方式磨制精品，列文虎克比同时代的人取得了更大的成就。他把一个小玻璃球磨制成了镜片，放大倍数竟然达到了720倍。他用这个镜片做成了世界上第一台实用显微镜。

（4）电子显微镜的诞生：1931年，恩斯特·鲁斯卡通过研制电子显微镜，使得科学家能观察到像百万分之一毫米那样小的物体。电子显微镜的分辨能力以它所能分辨的相邻两点的最小间距来表示。20世纪70年代，透射式电子显微镜的分辨率约为0.3 nm（人眼的分辨本领约为0.1 mm）。

（5）超高分辨率显微镜：近年来，随着科学技术的进步，科学家们研制出了超高分辨率荧光显微镜，这种显微镜能够观察到更微小的结构，为科学研究提供了强大的工具。

（资料来源：网络）

5.2 各种硬度计的正确使用

5.2.1 实验目的

（1）了解硬度测定的基本原理及应用范围；

（2）了解布氏、洛氏、维氏、显微硬度实验机的主要结构及操作方法；

（3）培养学生科技报国情怀。

5.2.2 金属的硬度概述

金属的硬度可以认为是金属材料表面在接触应力作用下抵抗塑性变形的一种能力。硬度测量能够给出金属材料软硬程度的数量概念。由于在金属表面以下不同深处材料所承受的应力和所发生的变形程度不同，因而硬度值可以综合地反映压痕附近局部体积内金属的弹性、微量塑变抗力、塑变强化能力以及大量形变抗力。硬度值越高，表明金属抵抗塑性变形能力越大，材料产生塑性变形就越困难。另外，硬度与其他力学性能（如强度指标 σ_b 及塑性指标 ψ 和 δ）之间存在着一定的内在联系，所以从某种意义上说硬度的大小对于机械零件或工具的使用性能及寿命具有决定性意义。

硬度的实验方法很多，在机械工业中广泛采用压入法来测定硬度，压入法又可分为布氏硬度、洛氏硬度、维氏硬度等。

压入法硬度实验的主要特点是：

（1）实验时应力状态最软（即最大切应力远远大于最大正应力），因而不论是塑性材料还是脆性材料均能发生塑性变形。

（2）金属的硬度与强度指标之间存在如下近似关系：

$$\sigma_b = K \cdot \mathrm{HB} \tag{5-6}$$

式中 σ_b——材料的抗拉强度值；

HB——布氏硬度值；

K——系数。

退火状态的碳钢 $K = 0.34 \sim 0.36$

合金调质钢 $K = 0.33 \sim 0.35$

有色金属合金 $K = 0.33 \sim 0.53$

（3）硬度值对材料的耐磨性、疲劳强度等性能也有定性的参考价值，通常硬度值高，这些性能也就好。在机械零件设计图纸上对力学性能的技术要求，往往只标注硬度值，其原因就在于此。

（4）硬度测定后由于仅在金属表面局部体积内产生很小压痕，并不损坏零件，因而适合于成品检验。

（5）设备简单，操作迅速方便。

5.2.2.1 布氏硬度（HB）

A 布氏硬度实验的基本原理

布氏硬度实验是施加一定大小的载荷 P，将直径为 D 的钢球压入被测金属表面（见图 5-7）保持一定时间，然后卸除载荷，根据钢球在金属表面上所压出的凹痕面积 $F_{凹}$ 求出平均应力值，以此作为硬度值的计量指标，并用符号 HB 表示。

其计算公式如下：

$$\mathrm{HB} = P/F_m \tag{5-7}$$

式中 HB——布氏硬度值；

P——载荷，kgf；

F_m——压痕面积，mm^2。

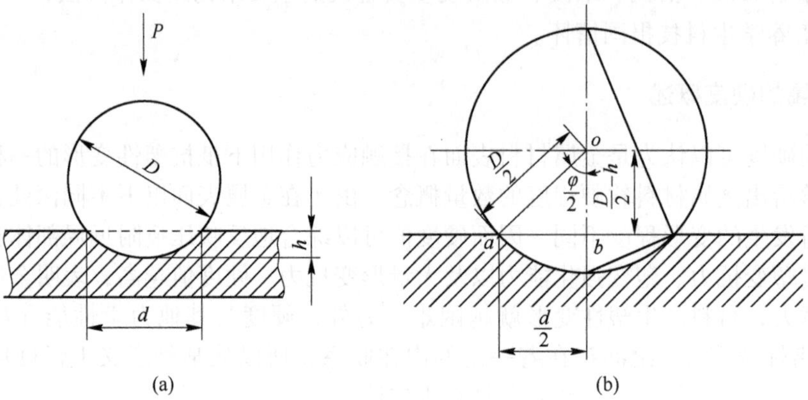

图 5-7 布氏硬度实验原理图

（a）原理图；（b）h 和 d 的关系

根据压痕面积和球面之比等于压痕深度 h 和钢球直径之比的几何关系，可知压痕部分的球面积为：

$$F_{凹} = \pi D h \tag{5-8}$$

式中 D——钢球直径，mm；

h——压痕深度，mm。

由于测量压痕直径 d 要比测定压痕深度 h 容易，故可将式（5-8）中 h 改换成 d 来表示，这可根据图 5-7（b）中 $\triangle oab$ 的关系求出：

$$\frac{1}{2}D - h = \sqrt{\left(\frac{D}{2}\right)^2 - \left(\frac{d}{2}\right)^2}$$

$$h = \frac{1}{2}(D - \sqrt{D^2 - d^2}) \tag{5-9}$$

将式（5-8）和式（5-9）代入式（5-7）即得：

$$\mathrm{HB} = \frac{P}{\pi D h} = \frac{2P}{\pi D(D - \sqrt{D^2 - d^2})} \tag{5-10}$$

式中，只有 d 是变数，故只需测出压痕直径 d，根据已知 D 和 P 值就可计算出 HB 值。

由于金属材料有硬有软，所测工件有厚有薄，若只采用同一种载荷（如 3000 kgf）和钢球直径（如 10 mm）时，则对硬的金属适合，而对极软的金属就不适合，会发生整个钢球陷入金属中的现象；若对于厚的工件适合，则对于薄件会出现压透的可能，所以在测定不同材料的布氏硬度值时就要求有不同的载荷 P 和钢球直径 D。为了得到统一的、可以相互进行比较的数值，必须使 P 和 D 之间维持某一比值关系，以保证所得到的压痕形状的几何相似关系，其必要条件就是使压入角 φ 保持不变。

根据相似原理图 5-7（b）可知 d 和 φ 的关系是：

$$\frac{d}{2}\sin\frac{\varphi}{2} = \frac{d}{2} \quad 或 \quad d = D\sin\frac{\varphi}{2} \tag{5-11}$$

以此代入式（5-10）得：

$$HB=\frac{P}{D^2}\frac{2}{\pi\left(1-\sqrt{1-\sin^2\frac{\varphi}{2}}\right)} \tag{5-12}$$

式（5-12）说明，当 φ 为常数时，为使 HB 值相同，$\frac{P}{D^2}$ 也应保持为一定值。因此对同一材料而言，不论采用何种大小的载荷和钢球直径，只要能满足 $\frac{P}{D^2}$ = 常数，所得的 HB 值是一样的。对不同材料来说，所得的 HB 值也是可以进行比较的。按照 GB 231—63 规定，$\frac{P}{D^2}$ 比值有 30、10 和 2.5 三种，具体实验数据和适用范围可参考表 5-1。

表 5-1 布氏硬度实验规范

材料	硬度范围（HB）	试样厚度 /mm	$\frac{P}{D^2}$	钢球直径 D /mm	载荷 P /kgf	载荷保持时间 /s
黑色金属	140～450	6～3 4～2	30	10 5	3000 750	10
	<140	<2 >6 6～3 <3	10	2.5 10 5 2.5	187.5 1000 250 62.5	10
铜合金及镁合金	36～130	>6 6～3 <3	10	10 5 2.5	1000 250 62.5	30
铝合金及轴承合金	8～35	>6 6～3 <3	2.5	10 5 2.5	250 62.5 15.6	60

B 布氏硬度测定的技术要求

（1）试样表面必须平整光洁，以使压痕边缘清晰，保证精确测量压痕直径 d。

（2）压痕距离试样边缘应大于 D（钢球直径），两压痕之间距离不小于 D。

（3）用读数显微镜测量压痕直径 d 时，应从相互垂直的两个方向上进行，取其平均值。

（4）为了表明实验条件，可在 HB 值后标注 $D/P/T$，如 $HB_{10/3000/10}$，即表示此硬度值是在 $D=10$ mm，$P=3000$ kgf，$T=10$ s 的条件下得到的。

C 布氏硬度实验机的结构和操作

（1）HB-3000 型布氏硬度实验机的外形结构如图 5-8 所示。其主要部件及作用如下。

1）机体与工作台：硬度机有铸铁机体，机体前台面上安装了丝杠座，其中装有丝杠，丝杠上装立柱和工作台，可上下移动。

2）杠杆机构：杠杆系统通过电动机可将载荷自动加在试样上。

3）压轴部分：用以保证工作时试样与压头中心对准。

4）减速器部分：带动曲柄及曲柄连杆，在电机转动及反转时，将载荷加到压轴上或从压轴上卸除。

5）换向开关系统：是控制电机回转方向的装置，使加、卸载荷自动进行。

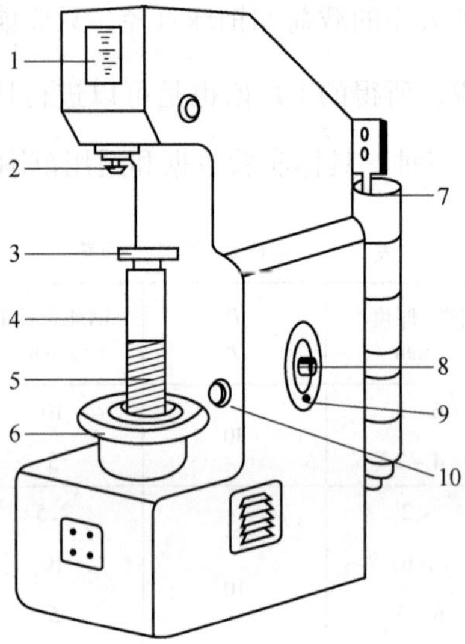

图 5-8　HB-3000 型布氏硬度实验机外形结构图

1—指示灯；2—压头；3—工作台；4—立柱；5—丝杠；6—手轮；7—载荷砝码；8—压紧螺钉；9—时间定位器；10—加载按钮

（2）操作前的准备工作：

1）把根据表 5-1 选定的压头擦拭干净，装入主轴衬套中；

2）按表 5-1 选定加载载荷；

3）安装工作台。当试样高度 < 120 mm 时应将立杆安装在升降螺杆上，然后装好工作台进行实验；

4）确定持续时间，然后将紧压螺钉拧松，把圆盘上的时间定位器（红色指示点）转到与持续时间相符的位置上；

5）接通电源，打开指示灯，证明通电正常。

（3）操作程序：

1）将试样放在工作台上，顺时针转动手轮，使压头压向试样表面直至手轮对下面螺母产生相对运动为止；

2）按动加载按钮，启动电动机，即开始加载荷。此时因紧压螺钉已拧松，圆盘并不转动，当红色指示灯闪亮时，迅速拧紧紧压螺钉，使圆盘转动，达到所要求的持续时间后，转动即自行停止；

3）逆时针转动手轮降下工作台，取下试样用读数显微镜测出压痕直径 d 值，以此值查表即得 HB。

5.2.2.2 洛氏硬度（HR）

A 洛氏硬度实验的基本原理

洛氏硬度同布氏硬度一样也属于压入硬度法，但它不是测定压痕面积，而是根据压痕深度来确定硬度值指标。其实验原理如图5-9所示。

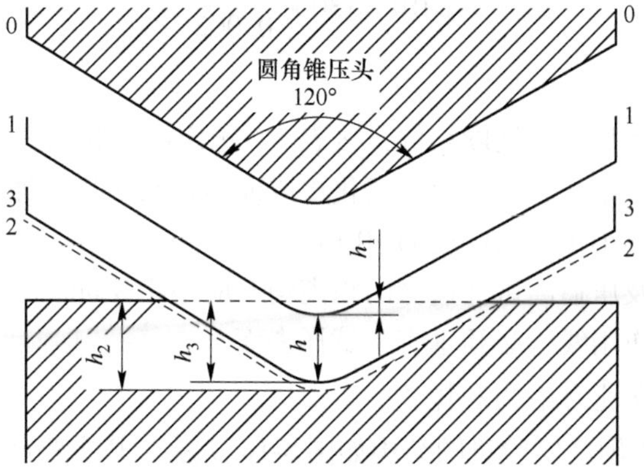

图5-9 洛氏硬度实验原理

洛氏硬度测定时，需要先后两次施加载荷（预载荷和主载荷），预加载荷的目的是使压头与试样表面接触良好，以保证测量结果准确。图5-9中0-0位置为未加载荷时的压头位置；1-1位置为加上10 kgf预加载荷后的位置，此时压入深度为h_1；2-2位置为加上主载荷后的位置，此时压入深度为h_2，h_2包括由加载所引起的弹性变形和塑性变形；卸除主载荷后，由于弹性变形恢复而稍提高到3-3位置，此时压头的实际压入深度为h_3。洛氏硬度就是以主载荷所引起的残余压入深度（$h = h_3 - h_1$）来表示。但这样直接以压入深度的大小表示硬度，将会出现硬的金属硬度值小，而软的金属硬度值大的现象，这与布氏硬度所标志的硬度值大小的概念相矛盾。为了与习惯上数值越大硬度越高的概念相一致，采用常数（K）减去（$h_3 - h_1$）的差值表示硬度值。为简便起见又规定每0.002 mm压入深度作为一个硬度单位（即刻度盘上一小格）。

洛氏硬度的实验规范见表5-2。

表5-2 洛氏硬度的实验规范

符号	压头	负荷/kgf	硬度值有效范围	使用范围
HRA	120°金刚石圆锥	60	>70	适用测量硬度质合金、表面淬火层、渗碳层
HRB	$\frac{1}{16}$″钢球	100	25~100（HB 60~230）	适用测量有色金属、退火及正火钢
HRC	120°金刚石圆锥	150	20~67（HB 230~700）	适用测量调质钢、淬火钢

洛氏硬度值的计算公式如下：

$$HR = \frac{K - (h_3 - h_1)}{0.002} \tag{5-13}$$

式中 h_1——预加载荷压入试样的深度，mm；

h_3——卸除主载荷后压入试样的深度，mm；

K——常数，采用金刚石圆锥时 $K=0.2$（用于 HRA、HRC），采用钢球时 $K=0.26$（用于 HRB）。因此，上式可改为：

$$\text{HRC}(或\ \text{HRA}) = 100 - \frac{h_3 - h_1}{0.002} \tag{5-14}$$

$$\text{HRB} = 130 - \frac{h_3 - h_1}{0.002} \tag{5-15}$$

B　测定洛氏硬度的技术要求

（1）根据被测金属材料的硬度高低，按表 5-2 选定压头和载荷。

（2）试样表面应平整光洁，不得有氧化皮或油污以及明显的加工痕迹。

（3）试样厚度应不小于压入深度的 10 倍。

（4）两相邻压痕及压痕离试样边缘的距离均不应小于 3 mm。

（5）加载时力的作用线，必须垂直于试样表面。

C　洛氏硬度实验机的结构和操作

（1）H-100 型洛氏硬度实验机的结构如图 5-10 所示，其主要部分及作用如下。

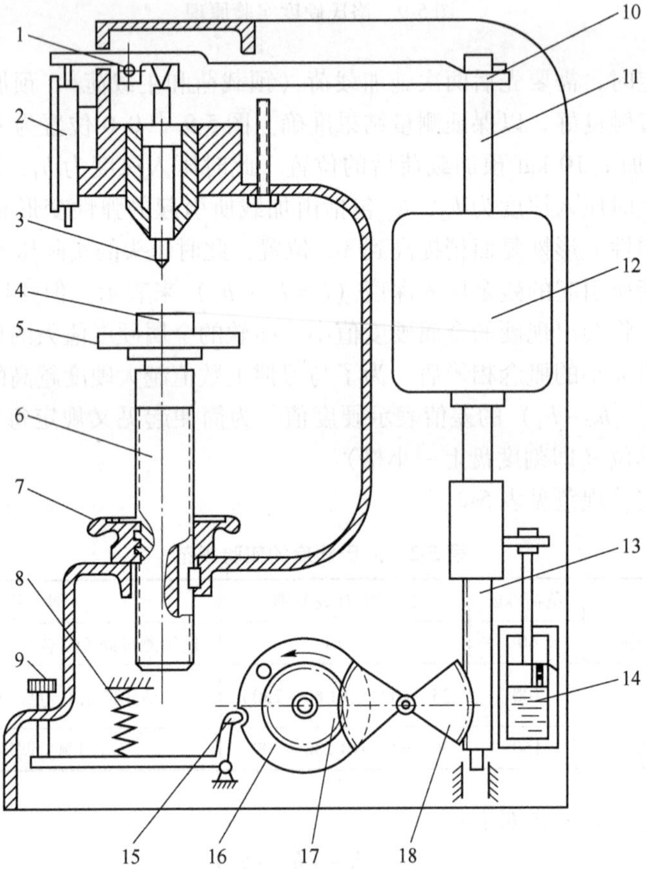

图 5-10　H-100 型洛氏硬度实验机结构图

1—支点；2—指示器；3—压头；4—试样；5—试样台；6—螺杆；7—手轮；8—弹簧；9—按钮；10—杠杆；11—纵杆；12—重锤；13—齿杆；14—油压缓冲器；15—插销；16—转盘；17—小齿轮；18—扇齿轮

1）机体及工作台：实验机有坚固的铸铁机体，在机体前面安装有不同形状的工作台，通过手轮的转动，借助螺杆的上下移动而使工作台上升或下降。

2）加载机构：由加载杠杆（横杆）及挂重架（纵杆）等组成，通过杠杆系统将载荷传至压头而压入试样，借扇形齿轮的转动可完成加载和卸载任务。

3）千分表指示盘：通过刻度盘指示各种不同的硬度值，如图5-11所示。

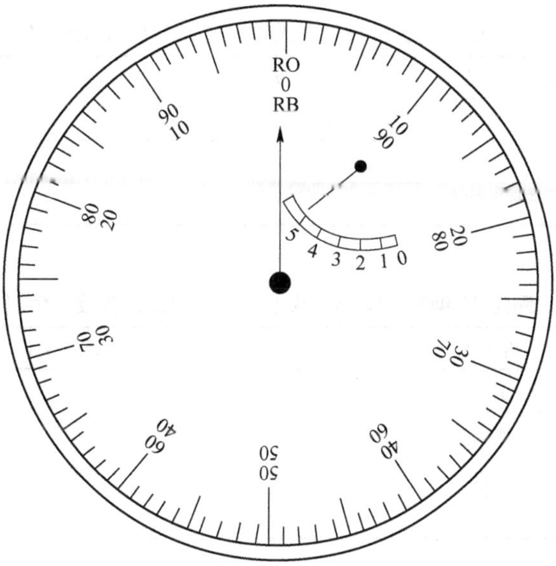

图5-11　洛氏硬度指示盘

（2）操作规程如下：

1）根据试样预期硬度按表5-2确定压头和载荷，并装入实验机。

2）将符合要求的试样放置在试样台上，顺时针转动手轮，使试样与压头缓慢接触，直至表盘小指针指到“0”为止，此时即已预加载荷10 kgf。然后将表盘大指针调整至零点（HRA、HRC零点为0，HRB零点为30）。

3）按动按钮，平稳地加上主载荷。当表盘中大指针反向旋转若干格并停止时，持续3 ~4 s，再顺时针旋转摇柄，直至自锁为止，即卸除主载荷。此时大指针退回若干格，这说明弹性变形得到恢复，指针所指位置反映了压痕的实际深度。由表盘上可直接读出洛氏硬度值，HRA、HRC读外圈黑刻度，HRB读内圈红刻度。

4）逆时针旋转手轮，取出试样，测试完毕。

5.2.3　实验设备及材料

（1）实验设备。

HB-3000型布氏硬度实验机、洛氏硬度实验机、读数放大镜。

（2）实验材料。

试样：$\phi 20$ mm × 10 mm的45钢和T12钢，正火及淬火状态。

5.2.4　实验内容与方法

（1）分组分别进行布氏和洛氏硬度实验，并相互转换。

（2）在进行实验操作前必须事先阅读并弄清布氏和洛氏硬度实验机的结构及注意事项。

（3）按照规定的操作顺序测定试样的硬度值（HB 和 HRC），并将数据填入表 5-3 和表 5-4 中。

表 5-3　测定 45 钢正火试样的布氏硬度值 HB（预期硬度 HB >140）

45 钢正火 ϕ20 mm×10 mm	钢球直径 D/mm	载荷 P/kgf	持续时间/s	P/D^2
凹痕直径 d				
HB 值				

注：1 kgf≈9.81 N

表 5-4　测定 45 钢和 T12 钢正火及淬火试样的洛氏硬度值（HRC）

试样材料	热处理	压头	载荷/kgf	硬度值（HRC）
45 钢	正火			
	淬火			
T12 钢	正火			
	淬火			

注：1 kgf≈9.81 N

5.2.5　实验注意事项

（1）试样两端面要平行，表面应平整，若有油污或氧化皮，可用砂纸打磨；

（2）圆柱形试样应放在带有“V”形槽的工作台上操作，以防试样滚动；

（3）加载时应细心操作，以免损坏压头；

（4）加预载荷（10 kgf）时若发现阻力太大，应停止加载，立即报告，检查原因；

（5）测完硬度值，卸掉载荷后，必须使压头完全离开试样后再取下试样；

（6）金刚钻压头系贵重物件，质硬而脆，使用时要谨慎，严禁与试样或其他物件碰撞；

（7）应根据硬度实验机使用范围，按规定合理选用不同的载荷和压头，超过使用范围将不能获得准确的硬度值。

5.2.6　实验要求

（1）学生进入实验室前必须做好实验预习，认真阅读实验指导书，明确实验目的、任务、有关原理、操作的主要步骤、注意事项；

（2）实验过程中必须严格遵守操作规程及注意事项，自觉遵守实验室各项规章制度；

（3）简述布氏和洛氏硬度实验原理。

5.2.7　课程思政驿站　盘点世界超强材料

（1）钻石（金刚石）。金刚石是目前在地球上发现的众多天然存在中最坚硬的物质。

金刚石摩氏硬度为10，绝对硬度是刚玉的4倍，石英的8倍。人工合成金刚石的方法主要有高温高压法及化学气相沉积法两种。金刚石的用途非常广泛，如工艺品、工业中的切割工具，也是贵重宝石。

（2）石墨烯。石墨烯是从石墨材料中剥离出来，由碳原子组成的，只有一层原子的二维材料。石墨烯断裂强度比最好的钢材还要高200倍，同时它又有很好的弹性，拉伸幅度能达到自身尺寸的20%。作为超薄、超强、导电导热性能优良的一种新型纳米材料，石墨烯被称为“黑金”，是“新材料之王”，科学家甚至预言石墨烯将“彻底改变21世纪”，极有可能掀起一场席卷全球的颠覆性新技术新产业革命。

（3）碳炔。碳炔是碳原子聚集在一起形成的链，这些碳原子通过双键或者交替的单键和三键连接在一起。碳炔被认为是世界上最强韧的材料，强度超过钻石40倍，是石墨烯强度的两倍。碳炔在未来超高强度设备的发展中将有很重要的用途。

（4）碳纳米管。碳纳米管可以看作石墨烯片层卷曲而成，因此按照石墨烯片的层数可分为单壁碳纳米管和多壁碳纳米管。碳纳米管的硬度与金刚石相当，却拥有良好的柔韧性，可以拉伸。碳纳米管的强度比同体积钢的强度高100倍，质量却只有后者的1/6到1/7。碳纳米管因而被称“超级纤维”。近些年，随着碳纳米管及纳米材料研究的深入，展现了广阔的应用前景。

（5）硼烯。硼烯与石墨烯中的碳一样具有相同的六边形晶格排列，但在每个六边形中心还另有一个硼原子。硼烯在某个方向上比石墨烯的强度还要高。如此优越的力学性质，加上特殊的电学性质和热学性质，硼烯的应用前景将十分宽广。硼烯因其优越的电学、力学、热学属性，被科学界寄予厚望，或将成为继石墨烯之后又一种“神奇纳米材料”。

（6）气凝胶。气凝胶作为世界最轻的固体，已入选吉尼斯世界纪录。目前最轻的硅气凝胶仅有0.16 mg/m^3，比空气密度略低，所以也被叫作“冻结的烟”或“蓝烟”。气凝胶貌似“弱不禁风”，其实非常坚固耐用。它可以承受相当于自身质量几千倍的压力，在温度达到1200 ℃时才会熔化。此外它的导热性和折射率也很低，绝缘能力比最好的玻璃纤维还要强39倍。由于具备这些特性，气凝胶便成为航天探测中不可替代的材料，俄罗斯“和平”号空间站和美国“火星探路者”探测器都用它来进行热绝缘。

（7）纳米线。纳米线是一种一维材料，在横向上被限制在100 nm以下，纵横比在1000以上。碳纳米管就是纳米线大家族中的明星材料。根据组成材料的不同，纳米线可分为不同的类型，包括金属纳米线、半导体纳米线和绝缘体纳米线。通常情况下，随着尺寸的减小，纳米线会体现出比大块材料更好的力学性能，强度变强，韧度变好。在电子、光电子和纳电子机械器械中，纳米线有可能起到很重要的作用。它同时还可以作为合成物中的添加物、量子器械中的连线、场发射器和生物分子纳米感应器。

（8）氮化硼。氮化硼是由氮原子和硼原子所构成的晶体。化学组成为43.6%的硼和56.4%的氮，具有四种不同的变体：六方氮化硼（HBN）、菱方氮化硼（RBN）、立方氮化硼（CBN）和纤锌矿氮化硼（WBN）。立方氮化硼比金刚石还硬一些，其他种类氮化硼硬度稍弱于金刚石。氮化硼具有耐高温、耐腐蚀、导热性好、热膨胀系数低、抗热震性好、化学稳定性好、良好的润滑性，以及优良的电学性能，在电子、冶金、化工、宇航等尖端技术中具有极为广泛的用途。

(9) 金刚砂。碳化硅是由美国人艾奇逊在1891年电熔金刚石实验时，在实验室偶然发现的一种碳化物，当时误认为是金刚石的混合体，故取名金刚砂。碳化硅的硬度很大，莫氏硬度为9.5级，稍稍低于金刚石（10级），具有优良的导热性能，是一种半导体，高温时能抗氧化。

(10) 钛合金。钛合金是以钛为基础加入其他元素组成的合金。世界上已研制出的钛合金有数百种，最著名的合金有20～30种。钛合金具有强度高、耐蚀性好、耐热性高等特点，广泛用于工业生产，主要用于制作飞机发动机压气机部件，其次为火箭、导弹和高速飞机的结构件。

（资料来源：网络）

5.3 金相试样的制备

5.3.1 实验目的

(1) 初步掌握制备金相样品的常规方法及要点；

(2) 了解影响制样质量的因素及金相特征；

(3) 锻炼动手能力和理论联系实际能力。

5.3.2 金相试样制备概述

光学金相分析是获得金属材料质量信息的重要手段之一。进行光学金相分析，必须按分析要求制备试样，这是因为分析工作是借助金相显微镜来完善的。如果试样未经制备，则观察会很粗糙，当平行光照在试样上时会形成漫反射，以致在显微镜下看不到显微组织；若试样观察面呈光滑的镜面，当平行光照在试样上时，则又会形成按入射方向的反射，在显微镜下只能观察到白亮的一片，也看不到显微组织特征；只有试样的观察面出现显微范围内的凸凹不平时，经平行光照射后，才能产生出强弱不同的反射，以便在显微镜下观察到试样的显微组织特征。因此，进行金相分析的试样必须精心制备。如果试样制备不当，则可能使显微组织模糊不清，甚至出现假相并得出错误的分析结果。这是应该特别注意的问题。

一块光学金相试样的制备通常包括取样、镶嵌、磨光、抛光、显示组织等几个步骤。

(1) 取样。根据分析目的或国家制定的标准，在零件或材料有代表性的部位切取一小块试样。例如，为了分析轧制钢材中非金属夹杂物的形态及变形度，应按我国冶金工业部标准沿钢材的纵向取样。试样的尺寸以握在手中操作方便为原则。一般，圆形试样取直径为12 mm，高为12 mm；块形试样长、宽、高各取12 mm为宜。取样最常用的方法是进行机械切割。机械切割的设备和工具有砂轮切割机、电火花切割机、车床、锯床、手锯等。其中砂轮切割机广泛用于钢铁材料的切取；较软的有色金属材料可用手锯或车床切割；既硬又脆的材料可用锤击的方法截取。在取样过程中，必须保证显微组织不因切割热而发生变化，也不因切割力造成塑性变形。为此，在使用砂轮切割机时，应注意用水充分冷却试样，加力要平稳、均匀。

(2) 镶嵌。对尺寸过小，形状极不规则的试样需进行镶嵌。常用的镶嵌方法有以下几种。

1) 热镶法。此法在专用镶嵌机（见图5-12）上进行。将试样的观察面向下置入镶嵌机的模具内，用热固性塑料（酚醛树脂，俗称电木粉）或热塑性塑料（聚氯乙烯）作为镶嵌材料填入试样周围，然后加热、加压成型。热镶法只适用于在200 ℃以内加热无显微组织变化的试样。

彩图

图 5-12 XQ-2 型镶嵌机

2）冷镶法。为了避免热镶法所引起的显微组织变化，还可采用冷镶法。它是将环氧塑料（环氧树脂 100 g，邻苯二甲酸二丁酯 15 g，乙二胺 10 g）的流体态注入塑料模内，如图 5-13 所示，在室温下经 24 h 后可固化，试样即被镶嵌于其中。为了脱模方便，常在塑料模的内壁涂一层硅油。

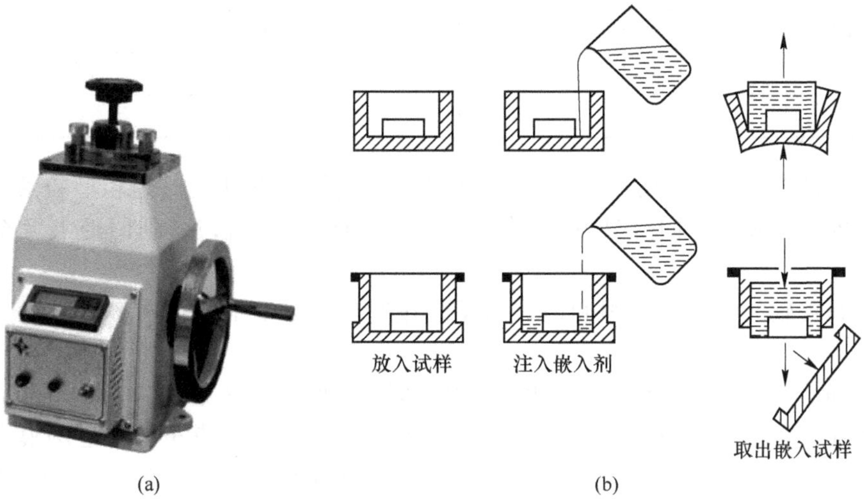

(a) (b) 彩图

图 5-13 金相试样的冷镶嵌

（a）镶嵌机；（b）冷镶嵌

3）机械夹持法。当分析试样表层的显微组织时，常用机械夹具来夹持试样。为了保护试样的边缘，可在试样的侧面或两侧面放置软金属垫片。还应注意夹持时不能用力太大，以免引起试样塑性变形。

（3）磨光。磨光的目的是获得平整的观察面，并消除或减小切割时在观察面上产生的变形。试样的磨光分粗磨和细磨两类。

1）粗磨。粗磨是指用砂轮或锉刀磨平观察面。对于硬的钢铁材料，通常在砂轮机上进行粗磨；而对于较软的材料如铝、铜等，可用锉刀修平。操作时，应注意不使试样的显微组织发生变化。为此，在砂轮机上粗磨时，需不断将试样放入冷水中冷却。

2）细磨。细磨是指用不同粒度的金相砂纸磨制观察面。常用方法有手工细磨及机械细磨两种。

① 手工细磨。手工细磨是将金相砂纸放在玻璃板上，一手按住砂纸，另一手将试样观察面压在砂纸上，使整个面受压而均匀地向前推动，进行磨光。磨制过程中，必须注意以下几点。

ⅰ）金相砂纸应从粗粒度到细粒度依次更换。一般钢铁材料可从磨料粒度为280目的砂纸开始直至1200目的砂纸为止；对于金相摄影用的试样需磨至磨料粒度为1600目的砂纸才行。金相砂纸的粒度号见表5-5。

表5-5　金相砂纸的规格

磨料粒度号 微粉	砂纸代号	尺寸范围/μm	磨料粒度号 微粉	砂纸代号	尺寸范围/μm
280	1	约40	1400（$M_{3.5}$或$W_{3.5}$）	07	3.5～3.0
320（M_{40}或W_{40}）	0	40～28	1600（M_3或W_3）	08	3.0～2.5
400（M_{28}或W_{28}）	01	28～20	1800（$M_{2.5}$或$W_{2.5}$）	09	2.5～2.0
500（M_{20}或W_{20}）	02	20～14	2000（M_2或W_2）	10	2.0～1.5
600（M_{14}或W_{14}）	03	14～10	2500（$M_{1.5}$或$W_{1.5}$）		1.5～1.0
800（M_{10}或W_{10}）	04	10～7	3000（M_1或W_1）		1.0～0.5
1000（M_7或W_7）	05	7～5	3500（$M_{0.5}$或$W_{0.5}$）		0.5～更细
1200（M_5或W_5）	06	5～3.5			

ⅱ）每更换细一号的砂纸时，试样和手应擦洗干净，以防止上一道粗磨粒落于细砂纸上，同时将试样磨制方向旋转90°，使新磨痕与旧磨痕垂直，直到旧磨痕完全消失为止。

ⅲ）磨制较软的有色金属材料时，为了防止磨料嵌入磨面，可在砂纸上滴入少许煤油。

② 机械细磨。机械细磨是把各号水磨砂纸黏附在预磨机上（见图5-14）上进行磨光。磨制时，将试样均匀压在水砂纸上，沿磨盘的径向缓慢地移动，直至上一道磨痕完全消失后才能更换到下一号的砂纸上继续磨制。机械细磨提高了磨光的效率，同时由于砂纸上脱落的磨粒随流水冲走了，从而保证了磨光的质量。机械细磨广泛用于生产及科学研究中。

市面上出售的水砂纸其粒度号从粗到细为180目、240目、320目、400目、500目、600目、800目、900目、1000目等。对于一般钢铁试样可用粒度为320目的水砂纸磨至粒度为800目的水砂纸为止。

（4）抛光。抛光的目的是消除细磨时留下的磨痕，使观察面成为光滑无痕的镜面。常用抛光方法有机械抛光法、电解抛光法、化学抛光法和三者的综合应用。

1）机械抛光。机械抛光是利用抛光微粉（磨料）与抛光面之间产生相对机械作用而

彩图

图 5-14 M-2 型预磨机

使被抛光面变成光滑镜面的过程。机械抛光需在金相抛光机上进行。抛光机转盘上蒙有一层抛光织物，粗抛时常用的织物是帆布或呢布；细抛时常用金丝绒布。在抛光过程中，还要向织物上喷洒一定量的抛光液。抛光液由抛光微粉和水配成的悬浮液。最常用的抛光微粉是氧化铝粉（Al_2O_3）、氧化铬粉（Cr_2O_3）。粗抛时采用颗粒尺寸为 5 μm 的抛光微粉放入适量的水中；细抛时则采用颗粒尺寸小于 2 μm 的微粉放入适量的水中。

除上述抛光微粉外，金刚石抛光膏的使用也十分广泛。将其与适量的蒸馏水调成糊状，抹在抛光织物上就可进行抛光。通常粗抛时，采用磨粒尺寸为 3.5 μm 的金刚石抛光膏；细抛时采用磨粒尺寸为 1.5 μm 的金刚石抛光膏。由于金刚石抛光膏硬度极高（莫氏硬度 10），磨削速率大，因此可获得比氧化铝等微粉更好的抛光效果。

要获得良好的抛光面，还应注意以下几点。

① 抛光前试样一定要清洗干净，绝不可将粗磨粒带入抛光盘中。

② 将试样从靠近转盘的中心处放下并与抛光织物接触。手对整个抛光面施加的压力应均匀适当，如果施力过大，试样观察面将会发热变得灰暗；如施力太小，磨光时遗留的磨痕又难以抛掉，因此用力必须适当。

③ 抛光时，试样应沿盘的中心至边缘不断往复移动，同时还应注意试样自身的转动。

④ 在抛光过程中，要不断地向抛光织物上喷洒抛光液，抛光盘的湿度通常以抛光面上的水膜在 2～3 s 内蒸发干为宜。

⑤ 对于边缘组织没有要求的试样，抛光前应将棱角倒圆，以免划破抛光织物。

⑥ 抛光时间以试样磨痕全部消除而呈光亮镜面为准。

2）电解抛光。电解抛光是接通阳极（试样）与阴极之间直流电源，在电解液作用下，使试样抛光面产生选择性溶解，逐渐使抛光面达到光滑平整的过程。此法常用于软金属材料的抛光，且需在专用的电解抛光设备上进行。自动电解抛光装置主要由两部分组成：一部分是电解槽系统，其中有阴、阳电极，电解液容器和一个耐蚀的电磁搅拌器；另一部分是控制系统，可控制电压、电流密度、电动泵的搅拌速度及时间。

（5）组织显示。抛光后的试样，如果不经浸蚀，直接放在显微镜下观察，则只能看到观察面上的非金属夹杂物及裂纹等。若要观察组织，还需进行组织的显示。显示组织最常用的方法是化学浸蚀法，它是将抛光后的试样浸入化学试剂中或用化学试剂擦抹试样的观察面，使观察面上产生化学溶解和电化学溶解。试样经一定时间浸蚀后，立即用清水冲洗观察面（必要时要用酒精洗一下），并用吸水纸或吹风机及时干燥，便可进行组织观察。

图 5-15 为工业纯铁经 4% 硝酸酒精溶液浸蚀后，在显微镜下观察组织特征。由图 5-15（b）可见，晶界显示出黑色细线，晶粒显示出白亮色块状，当延长浸蚀时间时，由于各晶粒的位向不同，所以溶解程度也不相同。因此，在显微镜下晶粒呈现出明暗不同的颜色，如图 5-15（c）所示。

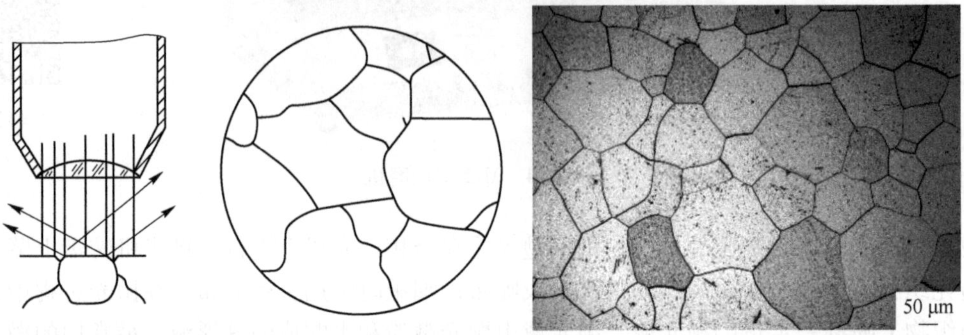

(a)　(b)　(c)

图 5-15　纯铁组织显示原理

（a）晶界处光线的散射；（b）纯铁显微组织示意图；（c）深浸蚀纯铁显微组织

化学浸蚀的时间应根据组织特色和观察时的放大倍数来确定，一般情况下，以抛光面微微发暗失去金属光泽为宜。对于单相组织浸蚀时间可稍长一些；双相组织浸蚀时间应短一些。低倍观察（200 倍左右），浸蚀时间应长一些；高倍观察（600 倍以上），浸蚀时间应短一些。

一块高质量的金相试样，必须组织真实、清晰、无磨痕、夹杂物不脱落等。制备不当的试样，常出现麻点、曳尾、水迹、划痕及浸蚀不当等缺陷，如图 5-16 所示。

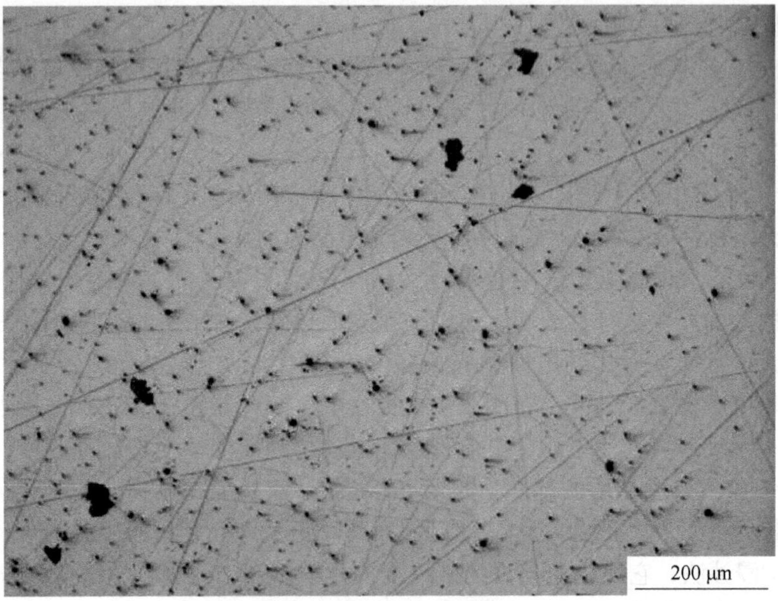

图 5-16　常见的制样缺陷

近年来，各种类型的机械制样设备已用于制样中。图 5-17 为武义恒宇仪器有限公司生产的 HYMoPao-2S 型自动金相试样磨抛机，本机采用了微处理器控制系统，使得磨抛盘、磨抛头的转速实现无级可调，制样压力、时间设定直观、便捷。操作者只需更换磨抛盘或者金相砂纸和抛光织物即可完成磨、抛工序的操作。

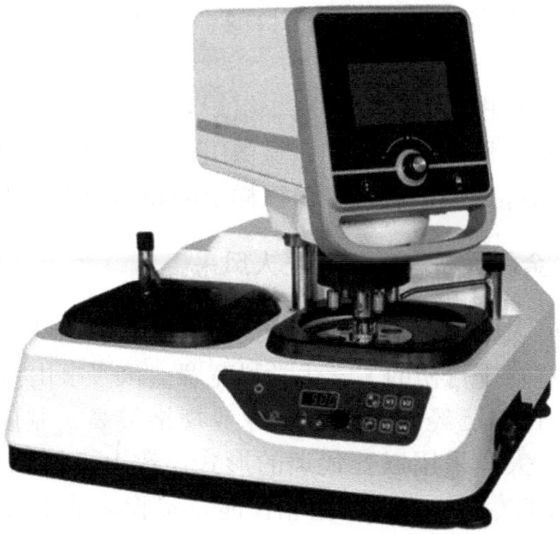

图 5-17 全自动磨样机

5.3.3 实验设备及材料

（1）实验设备。

试样切割机、砂轮机、镶嵌机、预磨机、抛光机、吹风机、金相显微镜等。

（2）实验材料。

工业纯铁或中、高碳钢的金相试样；不同粒度的金相砂纸及玻璃板；氧化铝抛光悬浮液；4% 硝酸酒精溶液、酒精、脱脂棉、吸水纸。

5.3.4 实验内容

制备工业纯铁及碳钢金相试样。

（1）每人领取试样一块，在砂轮机上将试样一个端面磨平。

（2）按给定的金相砂纸粒度序号进行磨光，砂纸粒度依次为 280 目→320 目→400 目→500 目→600 目→800 目→1000 目。

（3）用清水洗净试样，进行机械抛光，直到试样观察面呈镜面。

（4）抛光后再用清水洗净试样，立即用吸水纸或吹风机将试样干燥（此时严禁用手指接触抛光面），并在显微镜下观察是否有磨痕、麻点、曳尾等缺陷。

（5）将观察好的试样，用 4% 硝酸酒精溶液进行浸蚀，使光亮的镜面变成浅灰色，之后立即用水冲洗，酒精脱水，再用吸水纸或吹风机干燥。

（6）在显微镜下观察晶粒、晶界的特征。

5.3.5 实验要求

（1）学生进入实验室前必须做好实验预习，认真阅读实验指导书，明确实验目的、任务、有关原理、操作的主要步骤、注意事项。

（2）实验过程中必须严格遵守操作规程及注意事项，自觉遵守实验室各项规章制度。

（3）实验报告中要求有实验名称、实验目的、实验设备并简述金相试样的制备步骤及技术要点。

（4）画出显微组织示意图，并注明材料、组织名称、放大倍数、浸蚀剂。

（5）画出明场和暗场下所观察到的纯铁显微组织示意图，并进行比较。

（6）分析所制备的试样的质量，并指出试样上的缺陷及形成原因。

5.3.6 课程思政驿站 金相大赛——展现匠人风采

全国大学生金相技能大赛是一项由教育部高等学校材料类专业教学指导委员会主办、列入全国普通高校学科竞赛排行榜的大学生学科竞赛。该赛事由清华大学、北京科技大学等高校于2012年发起，目前已经成为材料类专业规格最高、制度最健全、覆盖面最广、影响力最大的一项赛事。大赛采用以赛代训的形式，致力于“以赛促教、以赛促改、以赛促学”，提高高校材料类专业大学生的金相技能及实验动手能力，通过对专业基本功的检验，培养静心专注的“工匠精神”。

我校自2017年选派学生参加全国金相大赛，先后获得一等奖、二等奖和三等奖多项。训练过程中不仅提高了学生的动手能力，更培养了学生的工匠精神。全国大学生金相技能大赛评分标准见附录E。

（资料来源：全国大学生金相技能大赛官网）

5.4 热电偶的校验

5.4.1 实验目的

（1）掌握温度的测量和热电偶的校验方法；

（2）试测镍铬-镍铝热电偶的误差；

（3）培养学生的科研兴趣。

5.4.2 热电偶概述

热电偶作为一种温度传感器，其准确与否直接影响着整个测温系统的准确性（见表5-6）。不同的热电偶要求不同的检定方法和检定内容，国家计量局都有一定的规定。其中对工业热电偶定期检定的时间，非贵金属热电偶为1～3个月，贵金属热电偶为3～6个月。

表5-6 热电偶对应的温度范围和应用特点

名 称	分度号	温度范围	应用特点
镍铬-镍硅热电偶	K型	200～1200 ℃	适用于氧化气氛中测温，不在还原性气氛中使用
镍铬-康铜热电偶	E型	200～900 ℃	适用于氧化及弱还原性气氛中测温

续表 5-6

名 称	分度号	温度范围	应 用 特 点
镍铬硅-镍硅热电偶	N 型	0～1300 ℃	稳定性好
铁-康铜热电偶	J 型	-40～750 ℃	适用于氧化及还原性气氛中和真空中测温
铜-康铜热电偶	T 型	-200～400 ℃	其主要特点是精度高、稳定性好、低温灵敏度高，价格低廉
铂铑 10-铂热电偶	S 型	0～1600 ℃	适用于氧化气氛中测温，不在还原性气氛中，短期可用于真空场合
铂铑 13-铂热电偶	R 型	0～1600 ℃	适用于氧化气氛中测温，不在还原性气氛中，短期可用于真空场合
铂铑 30-铂铑 6 热电偶	B 型	0～1800 ℃	适用于氧化气氛中测温，其主要特点为稳定性好
钨铼 3-钨铼 25 热电偶	WRe3/25 型	0～2200 ℃	适用于惰性气体、氢气及真空下
钨铼 5-钨铼 26 热电偶	WRe5/26 型	0～2200 ℃	适用于惰性气体、氢气中测温，也可用于真空场合
镍铬-金铁热电偶		0～273 K	适用于 0～273 K 低温范围的液氮、液氢介质

热电偶的检定方法有比较法、微差法和定点法。定点法是利用某些纯物质（如纯金属）的凝固点或其他物态变化点来检定热电偶。此种方法成本高、设备复杂，但准确程度高，主要用于复制温标和检定标准热电偶。

工业中主要应用比较法。比较法是指被检热电偶与标准热电偶的热端和冷端处于同一温度，从而测出被检热电偶的误差的一种方法。本实验采用的就是比较法。

5.4.3 实验设备与材料

（1）实验设备。

1）管式高温电炉并附带自耦变压器一台；

2）铂铑-铂热电偶一支（标准）或镍铬-镍铝热电偶一支（标准），补偿导线一副；

3）镍铬-镍铝热电偶一支（被测），补偿导线一副；

4）直流电位差计一台（实验中用 UJ-37 型直流电位差计）；

5）转换开关一个；

6）冰点槽（即：冷端恒温器）一个；水银温度计一支、石棉绳、导线等。

（2）实验材料。

粗、细瓷管各一个，捆偶用的镍铬丝一段；1 号电池；9 V 层叠电池；螺丝刀等。

5.4.4 实验内容

（1）将所给器材接成测试系统。系统中的控制仪表与监视热电偶起安全保护及粗略估计炉温的作用。为合理地控制炉温应将控制仪表的定温针拨在略高于被校温度处。该部分还可采用自动控制。

（2）将套管放入炉中，把套有瓷套管（一端密封）的铂铑-铂标准热电偶（或用新的镍铬-镍铝热电偶作为标准热电偶）与被校热电偶（EU）水平放置，并用镍铬丝将二者的热端捆好，但应防止偶丝间短路，然后将其放入套管中心，并用石棉绳将套管两端堵严。热电偶新冷端放入冰点槽内，以保证其冷端温度恒为0 ℃。（若无冰点槽时，则需用0～50 ℃最小分离值不大于0.5 ℃的水银温度计来测量冷端实际温度 t_0，然后用计算法把测量值换算成0 ℃时的对应值。）

（3）检查整个线路无误后接通电源，用调压器逐渐升高电压（注意任何情况下都不允许超过220 V）。使炉温升至各检定点（400 ℃、600 ℃、800 ℃），并在各检定点恒温几分钟，即温度波动低于2 ℃后，立即用电位差计从标准偶开始依次读取各热电偶的热电势（mV）值，然后再按相反顺序进行，每支偶读数三次，并将测试结果填入表5-7中。

表5-7 实验数据表

冷端温度：

检验温度点/℃	LB热电偶中（标准）					EU热电偶（被校）				
	电压/mV			电压/mV	温度/℃	电压/mV			电压/mV	温度/℃
400										
600										
800										

测试顺序：标准→被校。

恒温方法：用调压器调节电压，用电位差计与标准热电偶观察炉温变化。当在几分钟内炉温波动低于2 ℃时，可认为达到热平衡——恒温。

（4）计算误差 Δt。

$$\Delta t = t' - t$$

式中 t'——被校热电偶的平均毫伏值所对应的温度；

t——标准热电偶的平均毫伏值所对应的温度。

当各检定点误差小于1.0%t时，该热电偶合格（t为该检定点温度）。

若无冰点槽时，可用计算法来换算出热电偶的温度，其方法如下：

首先精确测定冷端温度 t_0'，并把用电位差计测得的电势值 $E(t_0, t_0')$ 用下式换算成冷端为0 ℃时的电势值 $E(t, t_0)$：

$$E(t, t_0) = E(t, t_0') + E(t_0', t_0) \tag{5-16}$$

式中 $E(t, t_0)$——热端温度为t，冷端温度为 $t_0 = 0$ ℃时的热电势值（计算值）；

$E(t, t_0')$——热端温度为t，冷端温度为 $t_0 = t_0'$ ℃时的热电势值（计算值）；

$E(t_0', t_0)$——冷端温度为 t_0 时所引起的附加反向电势值（由 t_0 分度表中可查出）。

将实验结果填入表5-8。

表5-8 实验结果表

标准偶温度/℃			
被校偶温度/℃			
误差/℃			

5.4.5 实验要求

（1）学生进入实验室前必须做好实验预习，认真阅读实验指导书，明确实验目的、任务、有关原理、操作的主要步骤、注意事项。

（2）实验过程中必须严格遵守操作规程及注意事项，自觉遵守实验室各项规章制度。

（3）实验报告中要求有实验名称、实验目的、实验设备、测试线路、测试数据表及实验结果表。

（4）被校偶是否合格。

（5）标准偶与被校偶在炉膛内为什么要尽可能靠近。

（6）今有一镍铬-镍铝热电偶，测量某一真实温度为 1000 ℃炉温，配用仪表置于室温 20 ℃的室内，该热电偶冷端温度为 50 ℃，热电偶和仪表的联接使用补偿导线或使用普通铜质导线，两者所测得的温度区别如何？又与真实温度各相差多少？

5.4.6 课程思政驿站 热电材料（科研案例）

热电材料是能够将热能和电能直接相互转换的功能材料。1821 年发现的塞贝克效应和 1834 年发现的珀耳帖效应为热电能量转换器和热电制冷的应用提供了理论依据。热电材料在发电、制冷和传感等领域具有广泛的应用前景。与传统热-电转换系统不同，热电器件具有无噪声、无污染、无磨损，易于小型化、移动灵活等优点，既可应用于宇宙探索、军事、信息等高新技术领域，也有望大规模应用于工业和日常生活中，如工厂和汽车排放的废热、地热等热源的利用以及热电传感器。目前商用的热电材料还主要集中在早期发现的 Bi_2Te_3、PbTe、SiGe 等合金热电材料上。1960 年，PbTe 基合金热电材料就被应用于宇宙探测器的电源上。1976 年，SiGe 合金热电材料被应用于 NASA 宇宙飞船中服役数十年，表现出很高的化学和力学稳定性，成为可靠的热电材料之一。

在近室温下最常用的材料类型是辉碲铋矿 $(Bi,Sb)_2(Te,Se)_3$，n 型 Bi_2Te_3 基合金在 357 K 时的最大的 zT 达到了 1.2，p 型 Bi_2Te_3 基合金在 373 K 时最大的 zT 达到了 1.4。MgAgSb 在 500 K 可以实现 1.4 的 zT 值，其组成元素无毒，且在地球上含量很高，可在近室温下用于热电发电。中温区热电材料主要基于 PbTe 及其派生物质，此类铅盐都具有类似氯化钠的结构，其他中温区热电材料还包括 $Ba_8Ga_{16}Ge_{30}$、$Mg_2(Si,Sn,Ge)$、BiCuSeO、In_4Se_3 和 $Cu_2(S,Se,Te)$ 等。p 型 PbTe 合金的 zT 可达 1.0 ~ 2.5，而 n 型 PbTe 合金的 zT 最高可达 1.8 ~ 2.2。工作温度超过 900 K 的热电材料属于高温区热电材料。高温热电材料的代表如 SiGe、La_3Te_4、$Yb_{14}MnSb_{11}$、ZrCoSb 基、ZrNiSn 基和 FeNbSb 基的半赫斯勒合金的 zT 均高于 1.0。除此之外，$SrTiO_3$、ZnO、$CaMnO_3$ 等氧化物也展现出优异的热电性能，并且具有廉价、稳定、无毒等优点。热电复合材料，如石墨烯二维材料、有机-无机杂化材料、多功能聚合材料等，这些材料的发展前景广阔，将在工业生产、环保减排等方面发挥重要作用。

热电偶就是热电材料的应用实例之一。热电偶是温度测量仪表中常用的测温元件，是由两种不同成分的导体两端接合成回路时，当两接合点热电偶温度不同时，就会在回路内产生热电流。热电偶种类很多，已研制的组合热电偶材料近 300 种，已经标准化的 15 种，工业上广泛应用的 8 种，有相应标准代号。

（资料来源：曲柳，刘开新．新型热电材料的工作原理及其研究现状［J］．电工材料，2024，2：16-19.）

5.5 不同加热制度对 A 晶粒度的影响

5.5.1 实验目的

（1）了解奥氏体形成过程；

（2）掌握加热温度和保温时间对奥氏体晶粒大小的影响；

（3）研究合金元素对奥氏体晶粒大小的影响；

（4）引导学生学习百炼成钢不惧难的精神。

5.5.2 奥氏体晶粒度概述

晶粒大小对金属材料的力学性能和工艺性能有很大的影响。因此，晶粒度是表示材料性能的一个重要特征。钢材加热时形成奥氏体晶粒，它的大小对钢材性能有很大影响。例如，粗大的奥氏体晶粒冷却后得到粗大的转变产物，其塑性、韧性比细小的奥氏体晶粒差；奥氏体晶粒过分粗大，钢件易于在淬火时变形、开裂。所以生产中常需要测定奥氏体晶粒的大小。

奥氏体晶粒大小的测定包括两个步骤：奥氏体晶粒的显示和奥氏体晶粒尺寸的测定或评级。本实验用直接腐蚀法显示奥氏体晶粒，用比较法评定奥氏体晶粒的大小。

绝大多数的钢高温下才存在奥氏体相，当冷却时就会转变成其他相。因此，要设法将高温状态的奥氏体晶粒轮廓在室温下重新显示出来。氧化法就是把钢加热到奥氏体状态保温一定时间，使试样表面受到氧化。由于晶界比晶粒内具有更大的化学活性，在氧化气氛中加热的钢材，它的奥氏体晶界较晶粒内部更易于氧化。也即晶界处氧化较深，经过这样的处理，冷却后细心磨制，磨去试样表面氧化层而保留晶界上的氧化物，再经过抛光、浸蚀，就能在显微镜明场照明下显示出氧化的晶界。

直接腐蚀法就是选用合适的腐蚀剂，对于某种钢材也能借浸蚀显示原奥氏体晶界。

比较法评定晶粒大小简单方便，是生产上常用的方法。它是放在 100 倍的显微镜下观察奥氏体晶粒，与原冶金部颁布的 YB 27—64 标准晶粒级别图相比较以确定其大小。标准晶粒度共有 8 级，1 ~ 5 级为细晶粒，6 ~ 8 级为粗晶粒。

在显微镜下观察时，若奥氏体晶粒大小不均匀，应估计出不同大小晶粒在视场中各占面积的百分比。若占优势的晶粒所占面积不小于 90%，就可只记录这种晶粒级别，否则应该用不同级别来分别表示钢的晶粒度，例如：8 级（75%）；4 级（25%）。不同放大倍数下晶粒度的比较参照表 2-10。

晶粒度大小评级示意图如图 5-18 所示。

加热时奥氏体晶粒越细小，回火后综合力学性能也越好。因而，在钢中经常有意识地加入某些合金元素，以减低钢在加热过程中奥氏体晶粒的长大倾向（即过热敏感性）。按合金元素对晶粒长大倾向的影响程度可大致分为四类：第一类强烈阻止奥氏体晶粒长大倾

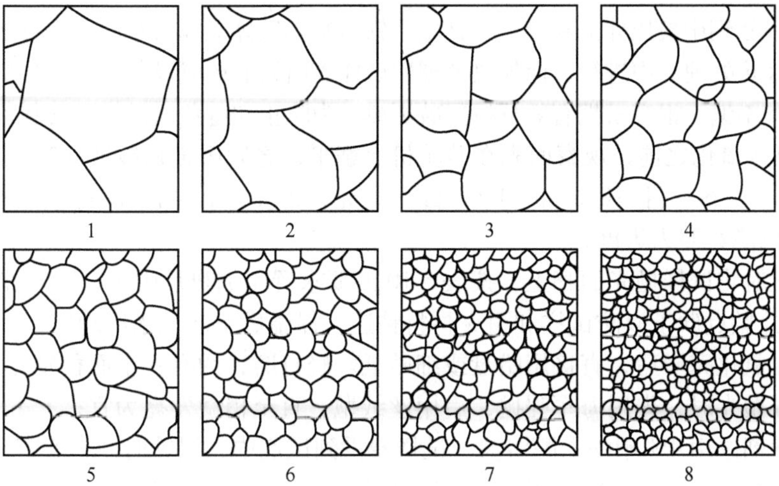

图 5-18 晶粒度大小评级示意图

向的元素有 V、Ti、Nb、Zr、Al（少量）等；第二类中等阻碍奥氏体晶粒长大倾向的元素有 W、Mo、Cr 等；第三类阻碍奥氏体晶粒长大倾向较弱的元素有 Si、Co、Ni、Cu 等；第四类促使奥氏体晶粒长大倾向的元素有 P、Mn 等。

一定的钢材加热温度与保温时间就决定了 A 的晶粒大小，若设法将 A 的晶界显示出来，在室温时我们便可测定 A 的晶粒大小。本实验采用的是氧化法。

5.5.3 实验设备及材料

（1）实验设备。

砂轮机、预磨机、抛光机、吹风机、箱式电炉及控温仪表、金相显微镜等。

（2）实验材料。

T10 钢。

5.5.4 实验内容与方法

（1）实验内容。

将试样按表 5-9 要求进行加热，以观察加热温度和保温时间对奥氏体晶粒大小的影响。

表 5-9 不同加热温度和保温时间下奥氏体晶粒大小

材 料	时间/min	温度/℃		
		850	950	1050
T10 钢	15			
	30			
	45			

（2）实验方法。

氧化法显示钢中奥氏体晶粒度，是评定钢铁材料奥氏体晶粒大小的质检方法之一。由于试样氧化是在热处理炉中进行，而加热处理后试样表面只能形成极薄的有效分析层，磨制试样时稍有操作不慎，很容易把有效分析层破坏掉。为防止和避免误操作，其制备方法是：

1）试样未氧化之前，观察面先在砂轮机上磨平，之后用金相砂纸（280 目→320 目→400 目→500 目→600 目→800 目→1000 目）磨光，再在帆布或海军呢上粗抛光，金丝绒上精抛光，以隐约照人为度；

2）氧化时将试样抛光面朝上，按表 5-10 的要求置于加热炉中央，同时在试样下垫一块耐火材料并撒点砂子以防试样和耐火材料粘连，保温后空冷或水冷均可；

3）试样氧化完毕后，直接用蜡盘或细砂纸轻轻打磨，约有一半面积发光为止；

4）试样抛光时，先用海军呢抛，后用丝绒抛，直至稍微发亮为宜；

5）浸蚀剂选用 4% 硝酸乙醇溶液，试样浸没到试剂中，浸蚀时间为 5 ~ 7 min；

6）在金相显微镜下观察组织，判断所制备试样的晶粒度等级。

5.5.5 实验要求

（1）学生进入实验室前必须做好实验预习，认真阅读实验指导书，明确实验目的、任务、有关原理、操作的主要步骤、注意事项。

（2）实验过程中必须严格遵守操作规程及注意事项，自觉遵守实验室各项规章制度。

（3）实验报告中要求有实验名称、实验目的、实验设备及实验内容。

（4）每位同学将自己制备的试样进行评级。

（5）绘制晶粒大小与加热温度的关系曲线和在同一加热温度下不同保温时间与晶粒大小的关系曲线。

5.5.6 课程思政驿站 百炼成钢不惧难——金属物理学专家柯俊

柯俊（1917. 6. 23—2017. 8. 8）是中国共产党优秀党员，我国著名科学家、教育家，中国科学院院士，我国金属物理、冶金史学科奠基人。柯俊院士是国际著名的金属物理学家、科学技术史学家和高等工程教育家。抗日战争时期，他是穿梭于越南、缅甸、印度密林群山之间的物资运输队长。留英期间，他在钢中首次发现贝茵体（或贝氏体）切变机制，是贝茵体相变切变理论的创始人。

中华人民共和国成立后，他创办第一个金属物理专业和冶金物理化学专业，是中国金属物理学科的奠基人。

中国的冶金技术有着辉煌而久远的历史，但在冶金技术发展的长河中却没有留下太多有价值的文字记载和历史资料。在 20 世纪 70 年代，柯俊怀着对中华民族文化的热爱，毅然开始冶金史的系统研究。他重视实证，应用金相显微镜和电子显微镜等实验手段系统研究古代钢铁制品，用铁一般的事实阐明中国古代钢铁技术的发展及对人类文明的贡献。这些研究，对于我国增强文化自信，促进科技自立自强，开展国际交流都有重要意义。由于他对冶金史的卓越贡献，转炉发源地美国爱德维城授予他“钢铁大师”的荣誉称号。

柯俊通过研究，阐明了我国古代冶金技术特别是钢铁技术产生和发展的过程及其对中华文明、经济、历史发展的重大影响和关键作用，成为近年来中国科技史研究中最显著的成就之一，在国际学术界为中国冶金史研究赢得了荣誉。柯俊及其团队利用现代设备，开展我国金属文物和冶金遗物的系统研究，发展了定量考古冶金学，并取得了重大突破，使我国古代冶金史在国际上的地位大为提高。

通过对中国古代科技史的研究，他提出：中国古代并非只有四大发明，而应该是十大发明。与传统四大发明相比，水稻、丝绸、中医中药、瓷器、生铁及生铁炼钢、马术马镫这六项发明对人类生活与文明发展具有更直接、更重要的影响和作用。

柯俊两次获国家自然科学奖三等奖、国家级教学成果奖一等奖、全国新产品工艺奖、国家教委科技进步奖二等奖和何梁何利基金科学与技术进步奖、冶金科技终身成就奖等奖励。

栉风沐雨，百炼成钢。近一个世纪的风风雨雨在时间的长河中不过是一瞬一息，但对于柯俊，对于中国的金属学界、冶金史学界，却是不平凡的百年。柯俊用他的勤勉、博大、坚韧和宽厚参与了我国钢铁事业由起步到腾飞的跨越，开拓了中国冶金史学从星火到燎原的成就，哺育了一代代学子从懵懂到功勋的成长，成为我国冶金教育史上的一座不朽丰碑。“未出土时先有节，已到凌云仍虚心”是柯俊面对学术勤奋精进、面对教育持之以恒、面对名誉淡薄悠远、面对生活豁达乐观的最好写照。

他是真正的智者。

（资料来源：北京科技大学校友网）

5.6　钢的化学热处理后组织观察

5.6.1　实验目的

（1）观察分析渗碳、氮化、软氮化、碳氮共渗及渗硼后的金相组织图；

（2）掌握计算渗碳层深度的方法；

（3）培养学生理论联系实际的能力。

5.6.2　钢的化学热处理概述

化学热处理是将钢件置入某种化学介质中，通过加热和保温，使介质中某些元素渗入钢件表面层，从而改变钢件表层的化学成分、组织和性能的热处理工艺。其特点是，既改变钢件表面层的组织，又改变钢件表面层的化学成分。化学热处理可以比表面淬火获得更高的硬度、耐磨性和疲劳强度，并可提高钢件的耐蚀性和高温抗氧化性。化学热处理是依靠某些元素的活性原子向钢件表面层渗入和扩散而进行的，因此都要经历介质的分解、吸附和扩散三个过程。常用的化学热处理有渗碳、氮化（渗氮）、碳氮共渗、渗硼、渗金属等。零件上不需要进行化学热处理的部位，可采取防渗措施，如镀铜或涂以防渗剂，也可用预留加工余量的方法，之后由机械加工去除。

5.6.3　实验设备及材料

（1）实验设备。

金相显微镜、抛光机等。

（2）实验材料。

化学热处理后的试样。

5.6.4 实验内容与方法

（1）在金相显微镜下观察15钢渗碳后在不同热处理工艺下的金相显微组织。

1）15钢：渗碳后直接淬火+180 ℃回火。

2）15钢：910 ℃水淬+770 ℃水淬+180 ℃回火（二次淬火+低温回火）。

3）15钢：渗碳后一次淬火+180 ℃回火。

4）15钢：渗碳后910 ℃炉冷。

5）20CrMnTi渗碳预冷淬火。

（2）在金相显微镜下观察20钢C-N共渗后的金相显微组织。

C-N共渗：20钢　860 ℃加氯化稀土催渗，保温1 h缓冷。

（3）在金相显微镜下观察3Cr2W8V软氮化后的金相显微组织。

（4）在金相显微镜下观察20钢渗硼950 ℃缓冷后的金相显微组织。

（5）在金相显微镜下观察38CrMoA渗氮淬火后的金相显微组织。

5.6.5 实验要求

（1）学生进入实验室前必须做好实验预习，明确实验目的、任务、有关原理、操作的主要步骤、注意事项；

（2）实验过程中必须严格遵守操作规程及注意事项，自觉遵守实验室各项规章制度；

（3）实验报告中要求有实验名称、实验目的、实验设备；

（4）画出9个化学热处理后的显微组织中的6个金相显微组织图。

5.6.6 课程思政驿站　45钢轴类零件热处理断裂分析及预防（生产案例）

45钢由于价格便宜、来源方便、加工性能好，淬火后具有较高的硬度，调质处理后具有良好的强韧性、高的强度和一定的耐磨性，被广泛地应用于中低档的轴类零件。但是45钢轴在热处理过程中，由于材料本身的原因，热加工不当和热处理工艺安排不合理，往往容易产生热处理断裂或在工作中发生早期失效，造成产品报废，严重影响生产的正常进行。

（1）柴油曲轴热处理产生的裂纹及预防。

某柴油机厂生产一批柴油机曲轴，该工厂采用圆钢锻造。为了赶工期，该厂采取的加工工序是：下料→锻造→粗加工→调质→精加工→检验入库。该批曲轴在淬火后，一部分曲轴的曲拐处产生裂纹，造成了产品报废。

分析工序安排和以往的经验，这是因为锻后没有进行退火或正火，钢材在锻造时产生的锻造应力没有很好地消除，因此在热处理淬火时，淬火产生的应力和原来轴中存在的应力叠加，当叠加应力超过材料的强度极限时，曲45钢曲轴表面应力集中处即产生裂纹。

针对45钢锻造曲轴产生裂纹原因的分析，对45钢锻造后的曲轴进行正火热处理，不仅消除了锻造产生的应力，还为曲轴的调质热处理做好了组织准备，正火后的45钢曲轴锻件在淬火后不再产生裂纹。

（2）45 钢轴类的热处理工艺改进。

某机械厂生产一批轴套，外径 ϕ140 mm，内径 ϕ100 mm，长 320 mm。如果采用圆钢制造，仅内孔切掉就浪费材料 50% 以上，而且浪费大量加工工时。后来该厂采用外径略大内径略小的钢管制造，这样就节约了大量钢材料并节省了大量加工工时。为了提高轴套的强度，我们采用了调质热处理，其热处理工艺是：淬火加热温度 840 ℃，水冷；550 ℃回火，保温 2 h 后空冷，回火后轴套硬度 25 ~ 30 HRC，符合技术要求。

但是第一批热处理的 12 个轴套中有 2 个出现裂纹。分析其产生的原因：1）由于中空套在淬火冷却时，内外壁冷却不均匀，外部冷却快，内壁冷却慢，造成内外应力不均匀，使轴套产生裂纹。2）钢套在轧制过程中产生的内应力未能很好地进行消除，因此在热处理时轧制后的残留应力和热处理淬火应力叠加，当叠加应力超过钢材的强度极限时 45 钢钢套就会断裂。

针对以上原因，采取两项工艺改进：1）淬火前，首先对轴套进行消除应力退火，加热温度 700 ℃保温 1 h，出炉后空冷；2）轴套在淬火冷却时，应垂直入水，并上下不停运动，这就加快了轴套内壁的冷却速度，减少钢套内外壁冷却温度的不一致性，从而减少内外壁冷却应力。采取以上两项工艺措施，轴套在热处理后不再出现裂纹，提高了产品质量，从而保证了轴套生产的正常进行。

（3）大型 45 钢锻轴的热处理工艺改进。

在某一热处理厂，我们对一根 ϕ320 mm × 1600 mm 大型锻轴进行调质热处理，虽然淬火冷却过程采取多项工艺措施：即从电阻炉取出大型锻轴时放在空气中预冷却，适当降低淬火温度，在冷却阶段采取水冷→空冷→水冷→空冷→水冷，并提高出水温度，但锻轴仍旧出现裂纹。这是因为大型轴淬火时内外温度相差较大，冷却温度不均匀导致内外应力过大引起的。

生产中改进了热处理工艺，在处理大型锻轴采用正火代替调质处理，并对调擀轴和正火轴进行组织和性能的检查，发现两类轴组织和性能基本一致。因此，工厂人员认为对直径较大的轴可以采取以正火代替调质热处理，这样既解决了大型轴的质量问题，又可保证大型轴淬火裂纹的产生。对于要求表面对磨性较高的大直径轴，可采取锻后正火处理，加工成形后，再对大直径轴进行表面中频感应淬火，这样可大大提高轴的使用寿命。

（4）细长轴的热处理工艺改进。

某机械厂在处理一批 ϕ20 mm × 300 mm 的 45 钢细长轴，其技术要求轴表面硬度 HRC 45 ~ 50。为了减少细长轴的热处理变形，采取了亚温淬火，即轴的加热温度 800 ℃，水冷→油冷双液淬火，然后 200 ℃保温 2 h 后空冷，轴的变形有所减小，硬度略有降低，热处理硬度 HRC 43 ~ 48。但在使用过程中，虽然硬度偏低，仍出现早期断裂。

原因分析：经金相组织检查，发现在回火马氏体组织中有块状铁素体，残余铁素体破坏了轴的破断抗力，使轴在使用过程中出现了早期断裂失效，严重影响了生产的正常进行。

在处理此类轴时，适当提高了淬火加热温度（830 ℃），在水中冷却；当轴冷却到 150 ~ 200 ℃时进行校直，这是因为 45 钢轴在 200 ~ 150 ℃时，奥氏体向马氏体转变较激烈，相变超塑性效应明显，校直较容易。校直后进行 200 ℃回火，轴类变形极少，硬度 HRC 45 ~ 50，基本符合技术要求，而且在使用过程中不再出现细长轴早期断裂失效现象。

(5) 劣质45钢轴的热处理。

某机械厂在对一批45钢轴进行淬火热处理时，成批裂纹产生，后来虽然采取各项措施，如降低淬火温度、提高出水温度、及时进行回火，但仍有较多轴断裂。后来我们对这批45钢进行化学成分分析和金相组织检查，发现这批轴含碳量较高，$w(C)=0.58\%$，$w(S)=0.3\%$，严重超标；金相组织检查发现钢中含有较多非金属夹杂物。硫含量过高和钢中含有大量非金属夹杂物是造成45钢轴在热处理过程中产生断裂的主要原因。

对于这批轴，只能采取全部报废的措施。后来建议该厂严格控制钢材进厂门槛，对每批进厂钢材进行化学成分检查和组织检查，从源头上保证产品质量，防止废品的产生。

轴是工程机械中的重要零件，主要起着传递动力的作用，并承受着不同大小和形式的载荷，如弯曲、扭转、疲劳、冲击等，因此，一般轴需要较高的力学性能，同时还要考虑选材的经济性。45钢轴由于价格便宜，来源方便，加工性能好等特点，是一般轴的首选钢材。而且为了提高45钢轴的力学性能，还需对轴进行调质热处理。但是由于45钢淬透性轴差，在水中淬火时往往容易产生裂纹，因此首先要控制钢材进厂质量；在热处理时，根据不同情况，采取合理的正确的热处理工艺，从而减少45钢轴在热处理过程中及使用中出现早期断裂，从而提高轴的使用寿命，保证生产的正常进行。

(资料来源：网络)

5.7 冲压模具的结构分析与拆装

5.7.1 实验目的

(1) 分析了解冲压模具种类及其主要特点；
(2) 初步掌握冲压模具的结构，分析主要零件的作用；
(3) 初步掌握拆卸技术及注意事项；
(4) 培养学生的民族自豪感，精益求精的工匠精神。

5.7.2 实验设备与器材

冲压模具，钳工拆卸工具（内六角扳手、冲头、铜锤）。

5.7.3 冲模概述及分析

板料冲压是利用装在冲床上的冲模对板料加压，使之产生分离和变形而获得零件或毛坯的加工方法。一个冲压零件从板料经冲压到成品，往往要经过数道工序，每道工序都需要一套模具。每道冲压工序前的板料或半成品称为“坯料”，冲压出的成品或半成品称为工件或零件，设计时一般要画出该模具的“坯料图”及“工件图”。冲压生产效率高、冲模结构复杂、制造成本高，适于大批量生产。

冲模按结构可分为简单模、连续模和复合模三种。简单模是在冲床的一次冲程中只完成一个工序的冲模；连续模是在冲床的一次冲程中，在模具的不同部位完成数道工序的冲模；而复合模是在冲床的一次冲程中，在同一部位完成数道工序的冲模。

组成冲模的零件很多，按零件的用途不同，将它们分为以下几类。

(1) 工作零件：直接完成冲压工作的零件，如凸模、凹模，复杂冲模的凸、凹模常做成组合式或分为几层。

(2) 定位零件：保证板料或坯料在模具中处于正确位置的零件，如定位销、导板，有时凸模、凹模也起定位作用。

(3) 导向零件：保证上下模正确运动的零件，如导柱、导套。

(4) 卸料零件：将废料或零件推出，保证继续正常冲压的零件，如弹簧、退料杆、卸料板、打杆等，有时也用橡胶作为卸料零件。

(5) 连接零件：起连接固定的零件，如螺钉、垫板、压板、上下模板、模柄等。有的零件可以起两种或两种以上的作用，如凸模、凹模有时既是工作零件，又是定位零件，有时还是卸料零件。在拆装模具时，也应从以上几个方面考虑其作用，理解设计意图，分析其优缺点，从中学习模具设计的基本知识。

5.7.4 实验注意事项

拆卸仪器设备是常用的一种了解其结构的方法。拆卸时应保证不损坏原零件并保持原有的精度，因此一般不拆卸已知结构或能分析出结构的部分。拆卸时，最好画出简图、做出标记，如果结构比较复杂应记录拆卸顺序和位置。不允许用手锤或硬物直接击打零件，如需加压或打出零件，应垫上软质垫片或木块等，装配时应擦拭干净，如果允许可在其表面涂少许机油，以防锈蚀。

模具拆装顺序如下。

(1) 首先对模具进行分析，估计其类型、工作性质，坯料和零件的形状。观察凸凹模有无圆角，结合起来就可以估计出模具的结构和工序性质。

(2) 轻轻合模观察，尽量用软板料如牙膏袋皮试冲一下，就可以看到零件的形状。合模时不可击打模具。

(3) 按顺序拆卸，并按顺序放置拆下的零件。

(4) 按以上相反的顺序将模具装好，注意不必把螺钉拧得太紧。擦拭干净后涂机油，以防锈蚀。

5.7.5 实验要求

(1) 写出图 5-19 模具名称。

(2) 为各零件编号并写出对应名称（在图 5-19 连线上）。

(3) 1) 名词解释：工作零件、导向零件、连接零件、定位零件和卸料零件。2) 根据作用不同，对图 5-19 中各零件分类（只写序号）。

(4) 写出图 5-20 模具名称。

(5) 为各零件编号并写出对应名称（在图 5-20 连线上）。

(6) 根据作用不同，对图 5-20 中各零件分类（只写序号）。工作零件、导向零件、连接零件、定位零件和卸料零件。

(7) 画出两套模具冲压零件图和坯料图。

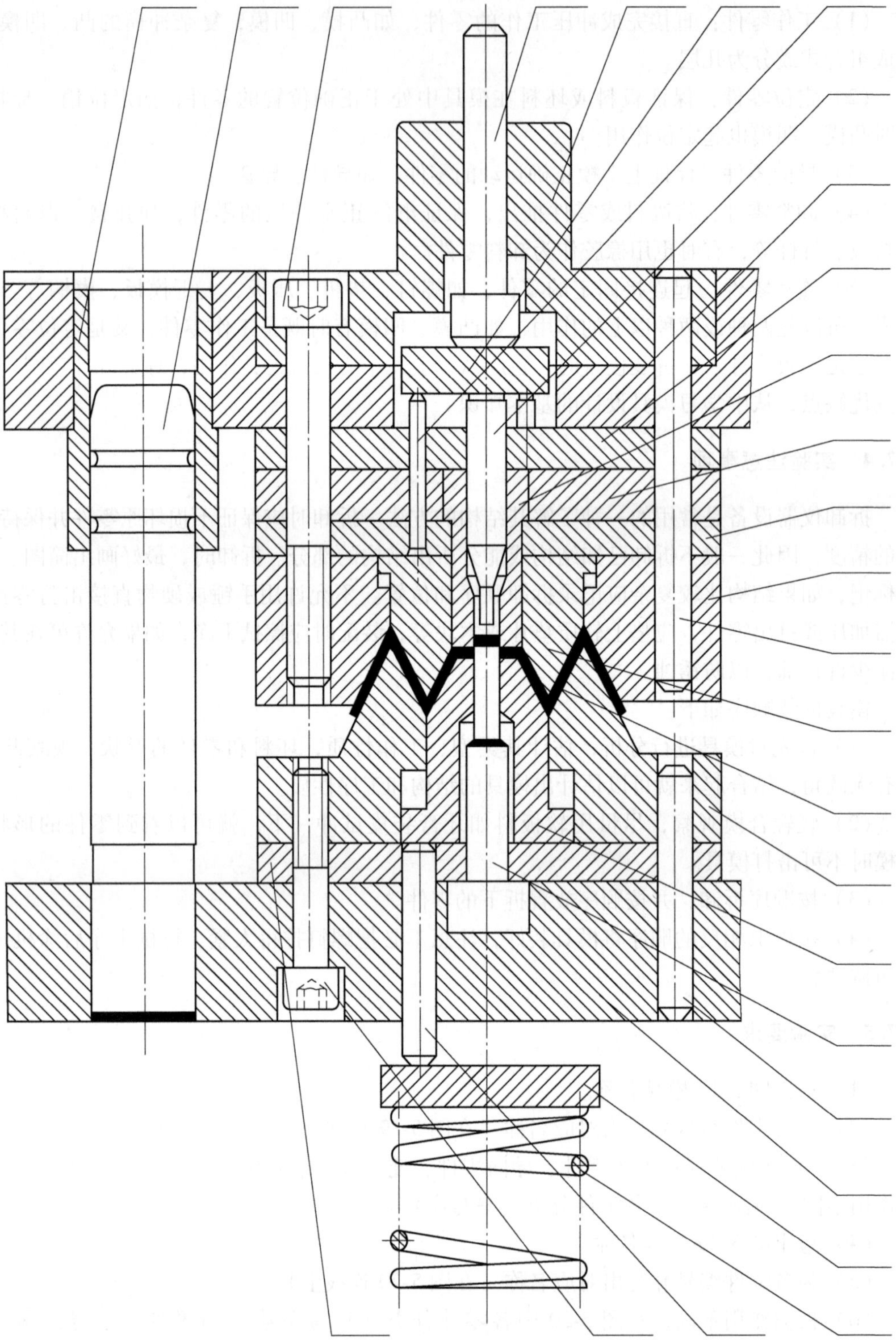

图 5-19　模具 1

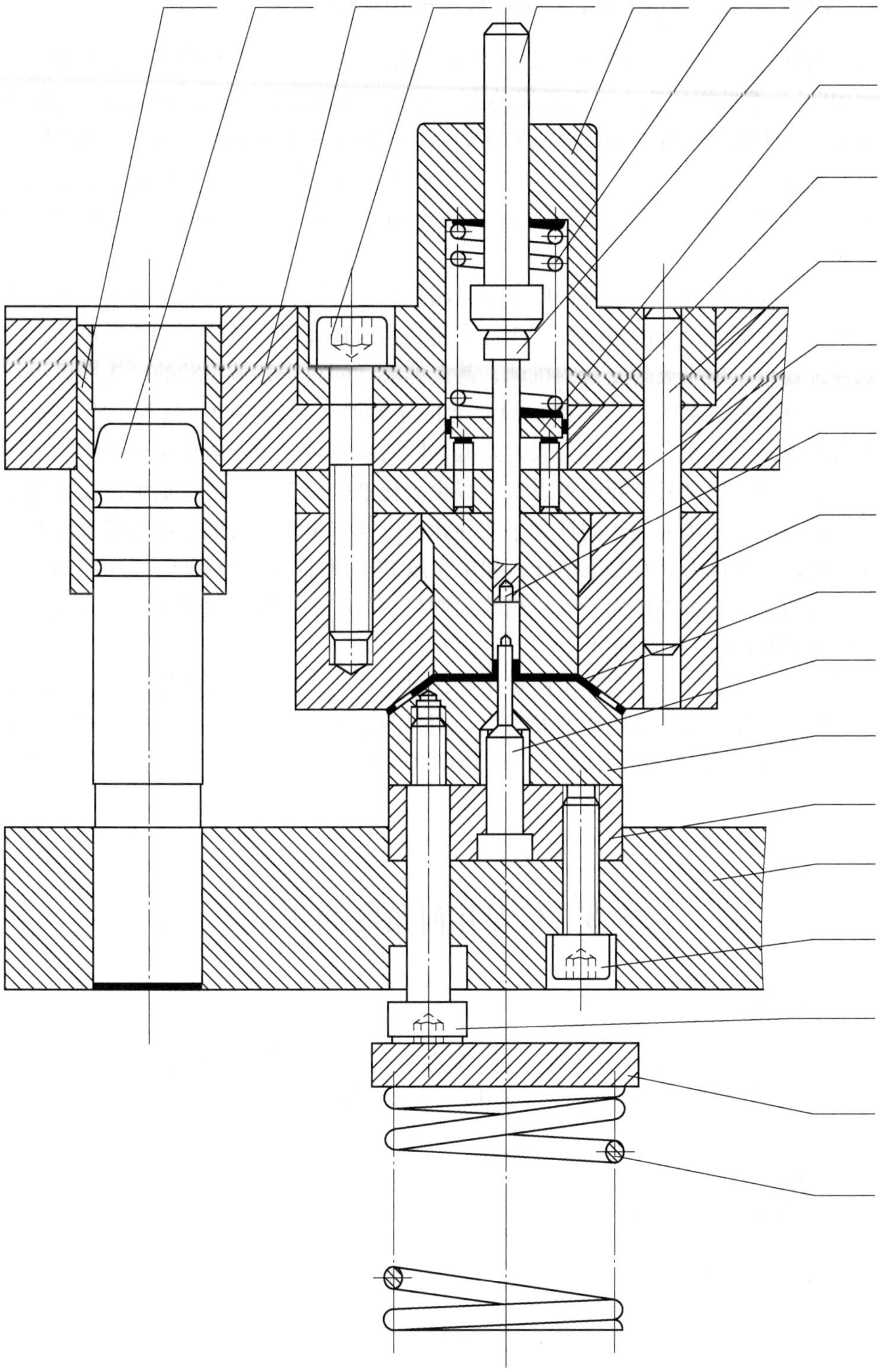

图 5-20 模具 2

5.7.6 课程思政驿站 中国超燃冲压技术——中国人的骄傲

2019 年度全国“创新争先奖”获奖名单公布，其中出现了“高超音速强预冷空天动力研究团队”，意味着国内空天飞行器动力系统获得了成功，还可以帮助高超音速导弹技术获得突破。中国科学院力学研究所发布的一条消息送来了更大的喜讯：范学军团队在超燃冲压发动机地面实验中实现了连续 600 s 的运动时间，打破了美国 X-51 发动机 210 s 的世界纪录。从数据来看，中国团队研发的超燃冲压发动机要比美国同类发动机的工作时间高出近 3 倍。

高超音速巡航导弹的火箭发动机工作时间长意味着拥有更长的加速时间，发动机推力更大意味着导弹拥有更大的机动性。相比高超音速滑翔弹只能做简单的横向机动，高超音速巡航导弹还可以做出更为复杂的机动，甚至能够迂回攻击，被拦截的可能性更小。高超音速巡航导弹对助推器的要求不高，只要能把导弹加速到超燃冲压发动机点火速度就可以，因此助推器的体积和重量也会大大降低，同时意味着导弹发射重量更小，隐身性能更好。换装超燃冲压发动机的导弹可以大大减少氧化剂的携带量，推进剂可以在飞行中获取氧气燃烧，大大增加了射程。同样大小的导弹可以携带更多推进剂，比传统火箭发动机能多产生 4 倍以上的推力。有专家估计，如果东风 17 的射程能达到 1800～2500 km，采用超燃冲压发动机技术后可以把大量氧化剂改为燃料，射程最少也能增加 5 倍，实际上能达到洲际导弹 10000 km 左右的射程。

超燃冲压高超声速发动机技术门槛很高，可以说是未来天空飞行器的最核心技术。印度也研制成功了超燃冲压高超声速发动机，但是只能工作了 5 s；美国 X-51 的 210 s 工作时间距离技术实用化仍有很大差距；而中国的 600 s 实际上已经达到了可以实用化的水平了。

（资料来源：网络）

5.8 车刀几何角度的测量

5.8.1 实验目的

（1）了解几种常用车刀（外圆车刀、端面车刀、切断刀）的几何形状；

（2）通过测绘车刀的几何角度加深切削刀具几何角度概念的认识，掌握刀具几何角度的测量方法；

（3）熟悉车刀几何角度的标注方法，了解车刀的刃磨方法；

（4）培养学生的工匠精神。

5.8.2 实验设备与器材

万能角度尺、外圆车刀、端面车刀、切断刀、砂轮机。

5.8.3 实验内容与步骤

万能角度尺的构造如图 5-21 所示。

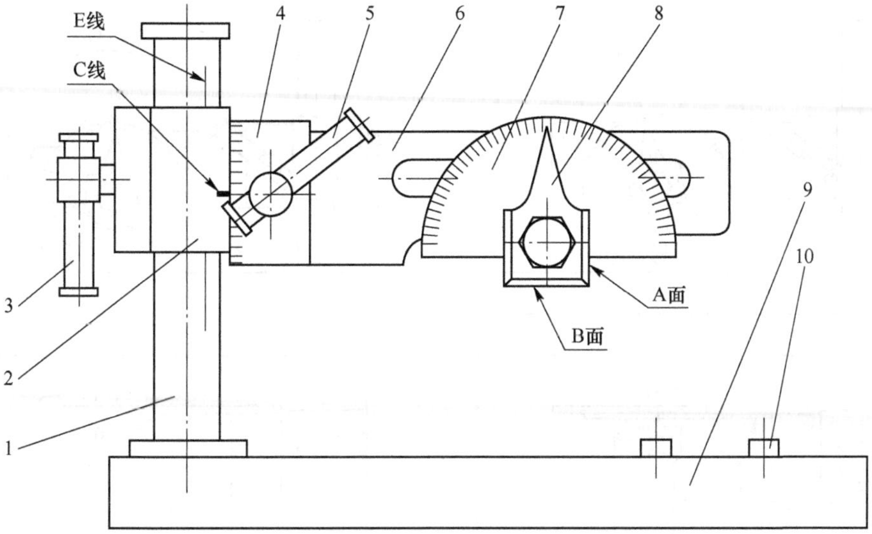

图 5-21　万能角度尺结构示意图

1—立柱；2—本体；3，5—手柄；4—回转盘；6—横臂；7—刻度盘；8—指针；9—底座；10—定位销

测量角度的零件主要是指针和刻度盘，刻度盘可以在横臂的长槽内滑动，同时可以随着其他零件绕水平轴和垂直轴（立柱）旋转。指针以刻度盘的圆心旋转，并在刻度盘上指示旋转的角度，它有三个测量面（两个侧棱 A 和一个 B 面，AB 相互垂直）。当车刀放在底座上时，调节刻度盘和指针就可以测量刀具的各个角度。

下面以外圆车刀为例，测量它的六个角度：前角 γ_0、主后角 α_0、副后角 α_0'、刃倾角 λ_s、主偏角 K_r、副偏角 K_r'。在主正交平面 p_0 内测量 γ_0 和 α_0。

根据定义平面 p_0 是通过主切削刃的任意一点，同时垂直基面和主切削平面的平面。把车刀底面平贴在底座的平面上，调节回转盘，使其零度对准本体的 C 点，此时刻度盘与底座垂直。拧紧手柄，将主切削刃与横臂摆放至垂直，此时刻度盘位于主正交平面内，松开手柄调整本体和指针，将 B 面与前刀面贴合，即可测出前角 γ_0 的数值。注意刀尖高为正值，反之为负。调整本体和指针，使侧棱 A 与主后刀面贴合，即可测出主后角 α_0 的数值，如图 5-22 所示。

（1）在副正交平面 p_0' 内测量 α_0。

与测主后角类似，把车刀底面平贴在底座的平面上，将副切削刃与横臂垂直，此时刻度盘位于副正交平面内，调整本体和指针，将侧棱 A 与副后刀面贴合，即可测出副后角 α_0' 的数值。

（2）在主切削平面 p_s 内测量刃倾角 λ_s。

与测量前角类似，把车刀底面平贴在底座的平面上，将主切削刃与横臂平行，此时刻度盘位于主切削平面内，调整本体和指针，将 B 面与主切削刃贴合，即可测出刃倾角 λ_s。此时应注意 λ_s的正负，主切削刃上各点如刀尖高为正值，反之为负。

（3）在基面 p_r 中测量主偏角 K_r、副偏角 K_r'。

与上面不同，测量 K_r 和 K_r' 时，应使刻度盘与底座平行，如图 5-23 所示。先松开手

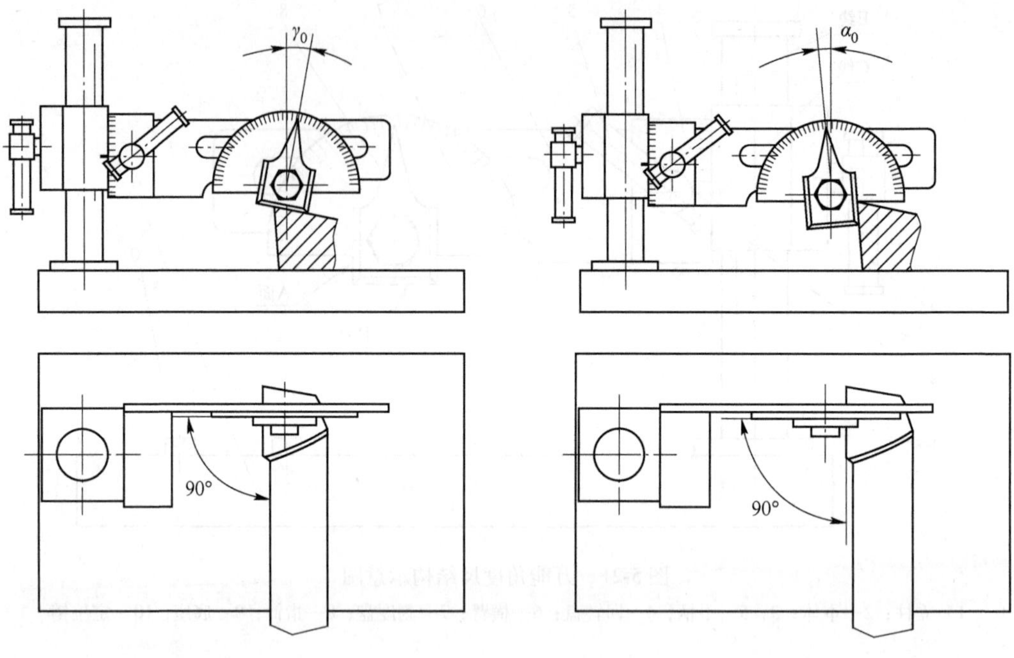

图 5-22　测量前角和主后角

柄，使回转盘的90°刻线与本体的C线对正，拧紧手柄，再松开手柄调整刻度盘的高度，使它与车刀的刀刃高度相适应，将车刀斜放，使刀杆与两个定位销靠紧，将本体的刻线D与立柱的刻线E对正，此时刻度盘的底边和刀杆成90°，拧紧手柄，即可测出主偏角 K_r 的数值，如图5-23所示。

与测主偏角类似，将指针的B面与副切削刃贴合，即可测出副偏角 K_r'。

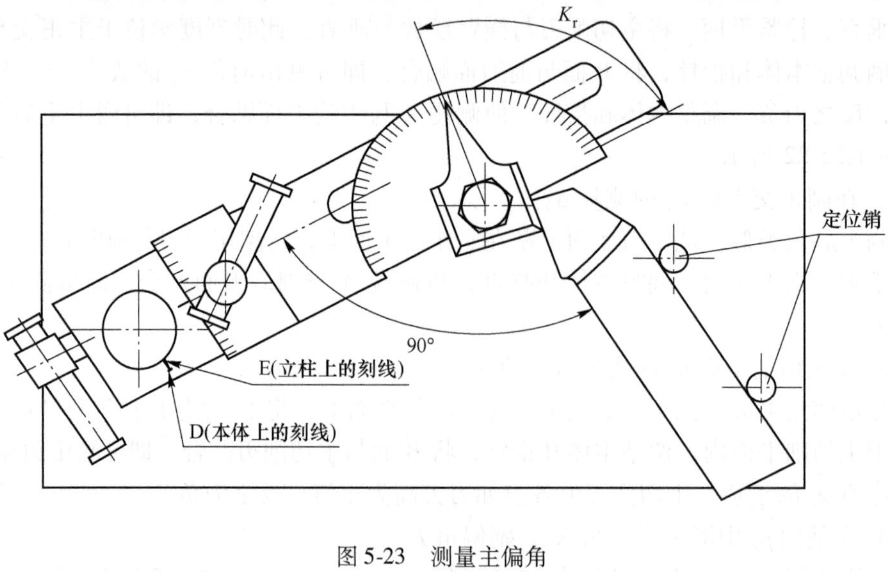

图 5-23　测量主偏角

5.8.4 实验要求

（1）将实验数据填入表 5-10 中。

表 5-10 实验数据表

车刀名称	车刀编号	前角	主后角	副后角	刃倾角	主偏角	副偏角

（2）从测量的车刀中任选两把，画出它们切削部分的几何角度简图。

5.8.5 课程思政驿站 大国工匠卢成林——决胜毫厘的“火箭车工”

卢成林是中国运载火箭技术研究院（以下简称“火箭院”）211 厂工装磨具生产车间的车工，他磨制的“双月牙刀”使梯形螺纹和蜗杆类工件加工效率提高 1 ~ 2 倍；“梯形螺纹卡规”提高了效率，降低了成本；用他改进的刀具及切削角度，某丝杠合格率达 100%，且生产效率提高一倍以上……

2000 年前后，火箭院开始研究一种新型焊接工艺——搅拌摩擦焊。其核心零件搅拌头的使用寿命是制约搅拌摩擦焊接质量的关键所在。搅拌头是锥形结构，头部直径最大的部分也就 9 mm，最细的地方只有 4 ~ 5 mm，并且要在斜面上车出“渐进渐出”的不等深螺纹，两头的螺纹要浅一点，中间的螺纹要深一点，加工难度极大。这种急难险重的任务，特级技师卢成林一马当先。

实验阶段，细心的他将采用不同方法加工出的搅拌头一一做了标记。试焊接后，有的搅拌头可以完成 10 m 焊缝，有的可以完成 20 m。此时，卢成林再一一对比、倒推，分析出现问题的原因是什么，应采取怎样的措施，不断调整、优化加工方法。

在经过上百次实践以后，他加工的搅拌头至少可以完成 60 m 焊缝，有的甚至能完成 100 m 焊缝，使用寿命是设计指标的 3 倍以上，且加工时间由 10 h 缩短到 5 h，并且每年可节约成本百万余元。

因高超的技艺，卢成林曾获北京市劳动技术能手、航天技术能手、航天技能大奖、全国技术能手等多项荣誉称号，是 211 厂车工技术带头人。卢成林说，车工工作条件艰苦，要想成为一名优秀的车工，必须要耐得住寂寞、受得了煎熬。无论在什么岗位，都要用工匠精神打造优质产品，精雕细琢、精益求精，为火箭腾飞筑牢根基。

（资料来源：网络）

附　　录

附录 A　常用钢材临界点及热处理规范与硬度的关系

序号	钢号	临界点/℃					退火温度/℃	正火温度/℃	高温回火温度/℃	淬火温度/℃	淬火后硬度（HRC）	不同温度回火后硬度（HRC）							
		A_{c1}	A_{r1}	A_{c3}	A_{r3}	M_s						150	200	300	400	500	550	600	650
1	10 15	724 735	682 685	876 863	850 840	450		900 ~ 850 ≤143 HBW	渗 C 900 ~ 940	790 水冷		≥56 ≤30 心							
2	35	724	680	802	774	350	840 ~ 890 炉冷	840 ~ 890 空冷	680 ~ 720 空冷	850 ~ 890	49 ~ 50	49	48	43	35	26	22	20	
3	40	724	680	790	760	340	840 ~ 870 炉冷	840 ~ 890 空冷	680 ~ 720 空冷	830 ~ 880	54 ~ 55	55	53	48	42	34	29	23	20
4	45	724	682	780	751	350	820 ~ 840 炉冷	830 ~ 860 空冷	680 ~ 720 空冷	820 ~ 860	58 ~ 59	58	55	50	41	33	26	22	
5	50	725	690	760	720	350	810 ~ 830 炉冷	820 ~ 870 空冷	680 ~ 720 空冷	820 ~ 850	58 ~ 59	58	55	50	41	33	26	22	
6	55	727	690	774	755	290	770 ~ 810 炉冷	810 ~ 860 空冷	680 ~ 720 空冷	800 ~ 850	62 ~ 63	63	56	50	45	34	30	24	21
7	T7 T7A	730	700	770		220	790 ~ 810 加热 650 ~ 680 等温 ≤80 ℃/h 冷至 500 ~ 600 ℃空冷 ≤187 HBW	800 ~ 840 空冷 229 ~ 285 HBW	650 ~ 700 空冷 ≈187 HBW	800 ~ 830	62 ~ 64	63	60	54	43	35	31	27	
8	T8 T8A	730	700	740		245	740 ~ 760 加热 650 ~ 680 等温 ≤80 ℃/h 冷至 500 ~ 600 ℃空冷 ≤187 HBW	760 ~ 780 空冷 241 ~ 302 HBW	650 ~ 700 炉冷 或空冷	760 ~ 820	62 ~ 64	64	60	55	45	35	31	27	

附录B 硬度转换表

洛氏硬度					HV10	HK0.5[1]	HBW[2]
HRC	HRA	HR15T	HR30T	HR45T			
80	92.0	96.5	92.0	87.0	1865		
79	91.5		91.5	86.5	1787		
78	91.0	96.0	91.0	85.5	1710		
77	90.5		90.5	84.5	1633		
76	90.0	95.5	90.0	83.5	1556		
75	89.5		89.0	82.5	1478		
74	89.0	95.0	88.5	81.5	1400		
73	88.5		88.0	80.5	1323		
72	88.0	94.5	87.0	79.5	1245		
71	87.0		86.5	78.5	1160		
70	86.5	94.0	86.0	77.5	1076	972	
69	86.0	93.5	85.0	76.5	1004	946	
68	85.5		84.5	75.5	942	920	
67	85.0	83.0	83.5	74.5	894	895	
66	84.5	92.5	83.0	73.0	854	870	
65	84.0	92.0	82.0	72.0	820	846	
64	83.5		81.0	71.0	789	822	
63	83.0	91.5	80.0	70.0	763	799	
62	82.5	91.0	79.0	69.0	739	776	
61	81.5	90.5	78.5	67.5	716	754	
60	81.0	90.0	77.5	66.5	695	732	614
59	80.5	89.5	76.5	65.5	675	710	600
58	80.0		75.5	64.0	655	690	587
57	79.5	89.0	75.0	63.0	636	670	573
56	79.0	88.5	74.0	62.0	617	650	560
55	78.5	88.0	73.0	61.0	598	630	547
54	78.0	87.5	72.0	59.5	580	612	534
53	77.5	87.0	71.0	58.5	562	594	522
52	77.0	86.5	70.5	57.5	545	495	509
51	76.5	86.0	69.5	56.0	528	558	496
50	76.0	85.5	68.5	55.0	513	542	484

续表

洛氏硬度					HV10	HK0.5①	HBW②
HRC	HRA	HR15T	HR30T	HR45T			
49	75.5	85.0	67.5	54.0	498	526	472
48	74.5	84.5	66.5	52.5	485	510	460
47	74.0	84.0	66.0	51.5	471	495	448
46	73.5	83.5	65.0	50.0	458	480	437
45	73.0	83.0	64.0	49.0	446	466	426
44	72.5	82.5	63.0	48.0	435	452	415
43	72.0	82.0	62.0	46.5	424	438	404
42	71.5	81.5	61.5	45.5	413	426	393
41	71.0	81.0	60.5	44.5	403	414	382
40	70.5	80.5	59.5	43.0	393	402	372
39	70.0	80.0	58.5	42.0	383	391	362
38	69.5	79.5	57.5	41.0	373	380	352
37	69.0	79.0	56.5	39.5	363	370	342
36	68.5	78.5	56.0	38.5	353	360	332
35	68.0	78.0	55.0	37.0	343	351	322
34	67.5	77.0	54.0	36.0	334	342	313
33	67.0	76.5	53.0	35.0	325	334	305
32	66.5	76.0	52.0	33.5	317	326	297
31	66.0	75.5	51.5	32.5	309	318	290
30	65.5	75.0	50.5	31.5	301	311	283
29	65.0	74.5	49.5	30.0	293	304	276
28	64.5	74.0	48.5	29.0	285	297	270
27	64.0	73.5	47.5	28.0	278	290	265
26	63.5	72.5	47.0	26.5	271	284	260
25	63.0	72.0	46.5	25.5	264	278	255
24	62.5	71.5	45.0	24.0	257	272	250
23	62.0	71.0	44.0	23.0	251	266	245
22	61.5	70.5	43.0	22.0	246	261	240
21	61.0	70.0	42.5	20.5	241	256	235
20	60.5	69.5	41.5	19.5	236	251	230

① 实验载荷为0.5 kg。

② 测试条件为实验力与球直径平方的比率 $0.102F/D^2=30\ N/mm^2$。

附录 C 常用化学浸蚀剂

序号	浸蚀剂名称	成 分	适用范围及使用要点
1	硝酸酒精溶液	硝酸 2 ~ 4 mL；酒精 98 ~ 96 mL	各种碳钢、铸铁等； 浸蚀速度随溶液浓度增加而加快
2	硝酸酒精溶液	硝酸 25 ~ 30 mL；酒精 75 ~ 70 mL	显示淬火高速钢的晶界和碳化物
3	苦味酸酒精溶液	苦味酸 4 g；酒精 100 mL	显示珠光体、马氏体、贝氏体； 显示淬火钢中的碳化物； 利用浸蚀后的色彩差别，识别珠光体、马氏体、大块碳化物，尤其是显示碳钢晶界上的二次及三次渗碳体
4	苦味酸水溶液	苦味酸 3 g；洗净剂 3 mL；水 97 mL	用以显示 12CrNi3、18CrNiW、20CrMnTi、20Cr2Ni4、45CrNi、38CrMoAl 等钢的实际晶粒度
5	苦味酸水溶液	苦味酸 5 g；十二烷基苯磺酸钠 4 g；过氧化氢少量；水 100 mL	用以显示淬火钢的实际晶粒度； 先将苦味酸及十二烷基苯磺酸钠放入水中，加热搅拌到溶解。加入微量（约 1 g）的钢片，溶液煮沸 1 min 停止加热。然后边搅拌边加入过氧化氢 5 滴，试剂的使用温度为 80 ~ 100 ℃
6	盐酸苦味酸水溶液	盐酸 5 mL；苦味酸 1 g；水 100 mL	显示淬火或淬火回火后钢的奥氏体晶粒或马氏体
7	氯化铁、盐酸水溶液	氯化铁 5 g；盐酸 50 mL；水 100 mL	奥氏体-铁素体不锈钢； 奥氏体不锈钢
8	混合酸甘油溶液	硝酸 10 mL；盐酸 20 mL；甘油 30 mL	奥氏体不锈钢以及奥氏体合金； 高 Cr、Ni 耐热钢
9	王水酒精溶液	盐酸 10 mL；硝酸 30 mL；酒精 100 mL	18-8 型奥氏体钢的 δ 相
10	三合一浸蚀液	盐酸 10 mL；硝酸 30 mL；甲醇 100 mL	高速钢淬火回火后的晶粒大小
11	硫酸铜盐酸溶液	盐酸 100 mL；硫酸 5 mL；硫酸铜 5 g	高温合金
12	氯化铁溶液	氯化铁 30 g；氯化铜 1 g；氯化锡 0.5 g；盐酸 50g	铸铁磷的偏析与枝晶组织
13	浓酸的混合酸溶液	1）盐酸（3 份）、硝酸（1 份）； 2）盐酸（2 份）、硝酸（1 份）、甘油（3 份）； 3）盐酸（2 份）、硝酸（1 份）、甘油（2 份）、过氧化氢（1 份）； 4）硝酸（1 份）、氢氟酸（2 份）、甘油（2 ~ 3 份）	配置好的混合酸溶液最好放置几昼夜后使用； 试剂适用于各种高合金钢、奥氏体合金钢以及各种不锈钢的组织，能清晰地显示各种高硅钢的组织

续表

序号	浸蚀剂名称	成　分	适用范围及使用要点
14	氯化铜、氯化镁、盐酸溶液	氯化铜 1 g；氯化镁 4 g；盐酸 2 mL；酒精 100 mL	灰铸铁共晶团； 淬火钢中，使铁素体变黑，珠光体发亮、使富磷区比铁素体更亮；使马氏体显露出来，使索氏体和铁素体变黑
15	硫酸铜-盐酸溶液	硫酸铜 4 g；盐酸 20 mL；水 20 mL	灰铸铁共晶团
16	硫酸铜-盐酸溶液	盐酸 50 mL；硫酸铜 5 g；水 50 mL	高温合金
17	盐酸-硫酸-硫酸铜溶液	盐酸 100 mL；硫酸 5 mL；硫酸铜 5 g	高温合金
18	复合试剂	硝酸 30 mL；盐酸 15 mL；重铬酸钾 5 g；酒精 30 mL；苦味酸 1 g；氯化高铁 3 g	高合金钢
19	三钾试剂	铁氰化钾 10 g；亚铁氰化钾 1 g；氢氧化钾 30 g；水 100 mL	主要显示硼化物相，使 FeB 成为深棕色，Fe_2B 为淡黄褐色
20	氯化铁盐酸溶液	氯化铁 5 g；盐酸 15 mL；水 100 mL	纯铜、黄铜及铜合金； 铅、镁、镍、锌等合金； 复杂合金的晶界
21	高锰酸钾氨水溶液	氨水 2 份；高锰酸钾（0.4%）3 份	铜、黄铜和青铜中的晶界
22	混合酸	硝酸 2.5 mL；氢氟酸 1 mL；盐酸 1.5 mL；水 95 mL	铝及铝合金的一般组织；硬铝组织； 适用于 Al-Cu-Si-Mn、Al-Fe-Cu、Al-Cu-Si、Al-Cu-Mg、Al-Cu-Si-Zn 等复杂合金
23	氢氟酸水溶液	氢氟酸 0.1～1 mL；水 99 mL	显示一般铝合金、铸造铝合金和退火铝合金，能使 Al_3Ni 和 Al_3Fe 强烈浸蚀并发黑
24	高浓度氢氟酸水溶液	氢氟酸 50 mL；水 50 mL	工业高纯铝、工业纯铝及 Al-Mn 系合金的晶粒
25	苛性钠水溶液	苛性钠 1 g；水 100 mL	铝及铝合金组织
26	氢氟酸盐酸水溶液	氢氟酸 10 mL；盐酸 15 mL；水 95 mL	变形铝合金、钛合金的晶界
27	硝酸酒精溶液	硝酸 2～4 mL；酒精 98～96 mL	除了显示碳钢、铸铁等外，还可显示纯锡和锡合金
28	盐酸	盐酸（密度为 1.19）	锡、铅、锑、铋及其合金的晶界； 浸入盐酸数秒，用水冲洗，在空气中干燥
29	草酸溶液	草酸 2 mL；水 10 mL	铸造镁合金及变形镁合金组织（擦拭 3～5 s，用热水或冷水冲洗）
30	酒石酸溶液	酒石酸 2 g；水 100 mL	含 Al、Zn、Mn 的镁合金组织
31	柠檬酸溶液	柠檬酸 5～10 mL；水 100 mL	变形镁锰合金及镁铜合金组织

续表

序号	浸蚀剂名称	成 分	适用范围及使用要点
32	硝酸溶液	硝酸 8 mL；蒸馏水 100 mL	纯镁和大多数镁合金的铸态和变形组织
33	氢氟酸硝酸水溶液	氢氟酸 1 ~ 3 mL；硝酸 2 ~ 6 mL；水 91 ~ 97 mL	著名的“Kroll”浸蚀剂，可用于纯钛、α、α + β、β 合金，显示效果好； 浸蚀 10 ~ 20 s
34	氢氟酸硝酸甘油溶液	氢氟酸 20 mL；硝酸 20 mL；甘油 40 mL	一般钛及钛合金
35	铁氰化钾-氢氧化钾溶液	铁氰化钾 5 g；氢氧化钾 5 g；水 100 mL	碳化钛（TiC）涂层
36	氧化铬硫酸钠溶液	氧化铬 20 g；硫酸钠 1.5 g；水 100 mL	大多数锌合金
37	氢氧化钠水溶液	氢氧化钠 10 g；水 100 mL	纯 Zn、Zn-Co 和 Zn-Cu 合金
38	硝酸乙醇（甲醇）溶液	硝酸（密度为 1.40）1 ~ 5 mL； 乙醇或甲醇 100 mL	铅和铅合金； 硬铅和高铅合金
39	硝酸冰醋酸甘油（乙醇）溶液	硝酸（密度为 1.40）8 mL； 冰醋酸 8（16）mL； 甘油或乙醇（96%）84 mL	Pb、Pb-Sb、Pb-Ca 合金
40	醋酸酐硝酸甘油溶液	醋酸酐 1 份；硝酸 1 份；甘油 4 份	纯铅的晶界（需要新配试剂，并反复浸蚀及抛光）
41	硝酸溶液	硝酸 2 ~ 5 mL；蒸馏水 100 mL	纯锡及含铁、锑、铜的高锡合金
42	硝酸醋酸甘油溶液	硝酸 10 mL；醋酸 30 mL；甘油 50 mL	纯 Sn 和 Sn-Pb 合金（在 38 ~ 42 ℃，浸蚀 10 min）
43	硝酸醋酸溶液	硝酸 50 mL；醋酸 50 mL	Ni、Ni-Cu、Ni-Ti 及超耐热合金的通用浸蚀剂。新配溶液在通风橱中操作，不能储藏。浸蚀 5 ~ 30 s
44	硫酸铜盐酸溶液	硫酸铜 10 g；盐酸 50 mL；水 50 mL	Marble 试剂。显示 Ni、Ni-Cu、Ni-Fe 及超耐热合金。浸蚀 5 ~ 60 s，加几滴硫酸可增加活性，显示超耐热合金的组织
45	盐酸乙醇溶液	盐酸（密度为 1.40）10 mL；乙醇 90 mL	铍及铍合金
46	硫酸溶液	硫酸 5 mL；水 95 mL	大部分铍合金
47	盐酸水溶液	盐酸（密度为 1.19）50 mL；水 50 mL	锑、铋及其合金
48	氢氟酸水溶液	氢氟酸（40%）10 mL；过氧化氢（30%）10 mL；水 40 mL	镉、铟、铊、铟-锑和铟-砷合金
49	浓硝酸	浓硝酸；可加少量水或盐酸稀释	锗、硒、铈，缔化物、硒化物和锆-硅化物

附录 D 热电偶分度表

一、铂铑-铂热电偶分度（自由端温度为 0 ℃）LB-3

工作端温度/℃	0	1	2	3	4	5	6	7	8	9
	电压（绝对伏）/mV									
0	0.000	0.005	0.011	0.016	0.022	0.028	0.033	0.039	0.044	0.050
10	0.056	0.061	0.067	0.073	0.078	0.084	0.090	0.096	0.102	0.107
20	0.113	0.119	0.125	0.131	0.137	0.143	0.149	0.155	0.161	0.167
30	0.173	0.179	0.185	0.191	0.198	0.204	0.210	0.216	0.222	0.229
40	0.235	0.241	0.247	0.254	0.260	0.266	0.273	0.279	0.286	0.292
50	0.299	0.305	0.312	0.318	0.325	0.331	0.338	0.344	0.351	0.357
60	0.364	0.371	0.377	0.384	0.391	0.397	0.404	0.411	0.418	0.425
70	0.431	0.438	0.445	0.452	0.459	0.466	0.473	0.479	0.486	0.493
80	0.500	0.507	0.514	0.521	0.528	0.535	0.543	0.550	0.557	0.564
90	0.571	0.578	0.585	0.593	0.600	0.607	0.614	0.621	0.629	0.636
100	0.643	0.651	0.658	0.665	0.673	0.680	0.687	0.694	0.702	0.709
110	0.717	0.724	0.732	0.739	0.747	0.754	0.762	0.769	0.777	0.784
120	0.792	0.800	0.807	0.815	0.823	0.830	0.838	0.845	0.853	0.861
130	0.869	0.876	0.884	0.892	0.900	0.907	0.915	0.923	0.931	0.939
140	0.946	0.954	0.962	0.970	0.978	0.986	0.994	1.002	1.009	1.017
150	1.025	1.033	1.041	1.049	1.057	1.065	1.073	1.081	1.089	1.097
160	1.106	1.114	1.122	1.130	1.138	1.146	1.154	1.102	1.170	1.179
170	1.187	1.195	1.203	1.211	1.220	1.228	1.236	1.244	1.253	1.261
180	1.269	1.277	1.286	1.294	1.302	1.311	1.319	1.327	1.336	1.344
190	1.352	1.361	1.369	1.377	1.386	1.894	1.403	1.411	1.419	1.428
200	1.436	1.445	1.453	1.462	1.470	1.479	1.487	1.496	1.504	1.513
210	1.521	1.530	1.538	1.547	1.555	1.564	1.573	1.581	1.590	1.598
220	1.607	1.615	1.624	1.633	1.641	1.650	1.659	1.667	1.676	1.686
230	1.693	1.702	1.710	1.719	1.728	1.736	1.745	1.754	1.763	1.771
240	1.780	1.788	1.797	1.805	1.814	1.823	1.832	1.840	1.849	1.858
250	1.867	1.876	1.884	1.893	1.902	1.911	1.920	1.929	1.937	1.946
260	1.955	1.964	1.973	1.982	1.991	2.000	2.008	2.017	2.026	2.035
270	2.044	2.053	2.062	2.071	2.080	2.089	2.098	2.107	2.116	2.125
280	2.134	2.143	2.152	2.161	2.170	2.179	2.188	2.197	2.206	2.215
290	2.224	2.233	2.242	2.251	2.260	2.270	2.279	2.288	2.297	2.306
300	2.315	2.324	2.333	2.342	2.352	2.361	2.870	2.379	2.388	2.397
310	2.407	2.416	2.425	2.434	2.443	2.452	2.462	2.471	2.480	2.489
320	2.498	2.508	2.517	2.536	2.535	2.545	2.554	2.563	2.572	2.582
330	2.591	2.600	2.609	2.619	2.628	2.637	2.647	2.656	2.665	2.675
340	2.684	2.693	2.703	2.712	2.721	2.730	2.740	2.749	2.759	2.768
350	2.777	2.787	2.790	2.805	2.815	2.824	2.833	2.843	2.852	2.862
360	2.871	2.880	2.890	2.899	2.909	2.918	2.928	2.937	2.946	2.956
370	2.965	2.975	2.984	2.994	3.003	3.013	3.022	3.031	3.041	3.050
380	3.060	3.069	3.079	3.088	3.098	3.107	3.117	3.126	3.136	3.145
390	3.155	3.164	3.174	3.183	3.193	3.202	3.212	3.221	3.231	3.240

续表

工作端温度/℃	0	1	2	3	4	5	6	7	8	9
	电压（绝对伏）/mV									
400	3.250	3.260	3.269	3.279	3.288	3.298	3.307	3.317	3.326	3.336
410	3.346	3.355	3.365	3.374	3.384	3.393	3.403	3.413	3.422	3.432
420	3.441	3.451	3.461	3.470	3.480	3.489	3.499	3.500	3.518	3.528
430	3.538	3.547	3.557	3.566	8.576	3.586	3.595	3.605	3.615	3.624
440	3.634	3.644	3.653	3.663	3.673	3.682	3.692	3.702	3.711	3.721
450	3.731	3.740	3.750	3.760	3.770	3.779	3.789	3.799	3.808	3.818
460	3.828	3.838	3.847	3.857	3.867	3.877	3.886	3.896	3.906	3.916
470	3.925	3.935	3.945	3.955	3.964	3.974	3.984	3.994	4.003	4.013
480	4.023	4.033	4.043	4.052	4.062	4.072	4.082	4.092	4.102	4.111
490	4.121	4.131	4.141	4.151	4.161	4.170	4.180	4.190	4.200	4.210
500	4.220	4.229	4.239	4.249	4.259	4.269	4.279	4.289	4.299	4.309
510	4.318	4.328	4.338	4.348	4.358	4.368	4.378	4.388	4.398	4.408
520	4.418	4.427	4.437	4.447	4.457	4.467	4.477	4.487	4.497	4.507
530	4.517	4.527	4.537	4.547	4.557	4.567	4.577	4.587	4.597	4.607
540	4.617	4.627	4.637	4.647	4.657	4.667	4.677	4.687	4.697	4.707
550	4.717	4.727	4.737	4.747	4.757	4.767	4.777	4.787	4.797	4.807
560	4.817	4.827	4.838	4.848	4.858	4.868	4.878	4.888	4.898	4.908
570	4.918	4.928	4.938	4.949	4.959	4.969	4.979	4.989	4.999	5.009
580	5.019	5.030	5.040	5.050	5.060	5.070	5.080	5.090	5.101	5.111
590	5.121	5.131	5.141	5.151	5.162	5.172	5.182	5.192	5.202	5.212
600	5.222	5.232	5.242	5.252	5.263	5.273	5.283	5.293	5.304	5.314
610	5.324	5.334	5.344	5.355	5.365	5.375	5.386	5.396	5.406	5.416
620	5.427	5.437	5.447	5.457	5.468	5.478	5.488	5.499	5.509	5.519
630	5.530	5.540	5.550	5.561	5.571	5.581	5.591	5.602	5.612	5.622
640	5.633	5.643	5.653	5.664	5.674	5.684	5.695	5.705	5.715	5.725
650	5.735	5.745	5.756	5.766	5.776	5.787	5.797	5.808	5.818	5.828
660	5.839	5.849	5.859	5.870	5.880	5.891	5.901	5.911	5.922	5.932
670	5.943	5.953	5.964	5.974	5.984	5.995	6.005	6.016	6.026	6.036
680	6.046	6.056	6.067	6.077	6.088	6.098	6.109	6.119	6.130	6.140
690	6.151	6.161	6.172	6.182	6.193	6.203	6.214	6.224	6.235	6.245
700	6.256	6.266	6.277	6.287	6.298	6.308	6.319	6.329	6.340	6.351
710	6.361	6.372	6.382	6.392	6.402	6.413	6.424	6.434	6.445	6.455
720	6.466	6.476	6.487	6.498	6.508	6.519	6.529	6.540	6.551	6.561
730	6.572	6.583	6.593	6.604	6.614	6.624	6.635	6.645	6.656	6.667
740	6.677	6.688	6.699	6.709	6.720	6.731	6.741	6.752	6.763	6.773
750	6.784	6.795	6.805	6.816	6.827	6.838	6.848	6.859	6.870	6.880
760	6.891	6.902	6.913	6.923	6.934	6.945	6.956	6.966	6.977	0.988
770	6.999	7.009	7.020	7.031	7.041	7.051	7.062	7.073	7.084	7.095
780	7.105	7.116	7.127	7.189	7.149	7.159	7.170	7.181	7.192	7.203
790	7.213	7.224	7.235	7.246	7.257	7.268	7.279	7.289	7.300	7.311
800	7.322	7.333	7.344	7.355	7.365	7.376	7.387	7.397	7.408	7.419
810	7.430	7.441	7.459	7.462	7.473	7.484	7.495	7.506	7.517	7.528
820	7.539	7.550	7.561	7.572	7.583	7.594	7.605	7.615	7.626	7.637
830	7.648	7.659	7.670	7.681	7.692	7.703	7.714	7.724	7.735	7.746

续表

工作端温度/℃	0	1	2	3	4	5	6	7	8	9
	电压（绝对伏）/mV									
840	7.757	7.768	7.779	7.790	7.801	7.812	7.823	7.834	7.845	7.856
850	7.867	7.878	7.889	7.901	7.912	7.923	7.934	7.945	7.956	7.967
860	7.978	7.989	8.000	8.011	8.022	8.033	8.043	8.054	8.066	4.077
870	8.088	8.099	8.110	8.121	8.132	8.143	8.154	8.166	8.177	8.183
880	8.199	8.210	8.221	8.232	8.244	8.255	8.266	8.277	8.288	8.299
890	8.310	8.322	8.333	8.344	8.355	8.366	8.377	8.388	8.399	8.410
900	8.421	8.433	8.444	8.455	8.466	8.477	8.489	8.500	8.511	8.522
910	8.534	8.545	8.558	8.567	8.579	8.590	8.601	8.612	8.624	8.635
920	8.646	8.657	8.668	8.679	8.690	8.702	8.712	8.724	8.735	8.747
930	8.758	8.769	8.781	8.792	8.803	8.815	8.826	8.837	8.849	8.860
940	8.871	8.883	8.894	8.905	8.917	8.928	8.939	8.951	8.952	8.974
950	8.985	8.996	9.007	9.018	9.029	9.041	9.052	9.064	9.075	9.086
960	9.098	9.109	9.121	9.132	9.144	9.155	9.160	9.178	9.189	9.201
970	9.212	9.223	9.235	9.247	9.258	9.269	9.281	9.292	9.303	9.314
980	9.326	9.337	9.349	9.360	9.372	9.383	9.395	9.406	9.418	9.429
990	9.441	9.452	9.464	9.475	9.487	9.498	9.510	9.521	9.533	9.545
1000	9.556	9.568	9.579	9.591	9.602	9.613	9.624	9.636	9.648	9.659
1010	9.671	9.682	9.694	9.705	9.717	9.729	9.740	9.752	9.764	9.775
1020	9.787	9.798	9.810	9.822	9.833	9.845	9.856	9.868	9.880	9.891
1030	9.902	9.914	9.925	9.937	9.949	9.960	9.972	9.984	9.995	10.007
1040	10.019	10.030	10.042	10.054	10.066	10.077	10.089	10.101	10.112	10.124
1050	10.136	10.147	10.169	10.171	10.183	10.194	10.205	10.217	10.229	10.240
1060	10.252	10.264	10.276	10.287	10.299	10.311	10.323	10.334	10.346	10.358
1070	10.370	10.382	10.393	10.405	10.417	10.429	10.441	10.452	10.464	10.476
1080	10.488	10.500	10.511	10.523	10.535	10.547	10.559	10.570	10.582	10.594
1090	10.605	10.617	10.629	10.040	10.652	10.664	10.676	10.688	10.700	10.711
1100	10.723	10.735	10.747	10.759	10.771	10.783	10.794	10.806	10.818	10.880
1110	10.842	10.854	10.866	10.878	10.889	10.901	10.913	10.925	10.937	10.949
1120	10.961	10.973	10.985	10.996	11.008	11.020	11.032	11.044	11.056	11.068
1130	11.080	11.092	11.104	11.115	11.127	11.139	11.151	11.163	11.175	11.187
1140	11.198	11.210	11.222	11.234	11.246	11.258	11.270	11.281	11.293	11.305
1150	11.317	11.329	11.341	11.353	11.365	11.377	11.389	11.401	11.413	11.425
1160	11.437	11.449	11.461	11.473	11.485	11.497	11.509	11.521	11.533	11.545
1170	11.556	11.508	11.580	11.592	11.604	11.616	11.628	11.640	11.652	11.664
1180	11.676	11.688	11.699	11.711	11.723	11.735	11.747	11.759	11.771	11.733
1190	11.795	11.807	11.819	11.831	11.843	11.855	11.867	11.879	11.891	11.903
1200	11.915	11.927	11.938	11.951	11.964	11.976	11.987	11.999	12.011	12.027
1210	12.035	12.047	12.059	12.071	12.082	12.095	12.107	12.119	12.131	12.145
1220	12.155	12.167	12.180	12.192	12.208	12.216	12.228	12.240	12.252	12.263
1230	12.275	12.287	12.299	12.311	12.323	12.335	12.347	12.359	12.371	12.383
1240	12.395	12.407	12.419	12.431	12.443	12.455	12.467	12.479	12.491	12.503
1250	12.515	12.527	12.539	12.552	12.564	12.576	12.588	12.600	12.612	12.624
1260	12.636	12.648	12.660	12.672	12.684	12.696	12.708	12.720	12.732	12.744
1270	12.756	12.768	12.780	12.792	12.804	12.816	12.828	12.840	12.851	12.863

续表

工作端温度/℃	0	1	2	3	4	5	6	7	8	9
	电压（绝对伏）/mV									
1280	12.875	12.887	12.899	12.911	12.923	12.935	12.947	12.959	12.971	12.983
1290	12.996	13.008	13.020	13.032	13.044	13.056	13.068	13.080	13.092	13.104
1300	13.116	13.128	13.140	13.152	13.164	13.176	13.188	13.200	13.212	13.224
1310	13.236	13.248	13.260	13.272	13.284	18.296	13.308	13.320	13.332	13.344
1320	13.356	13.368	13.380	13.392	13.404	13.415	13.427	13.439	13.451	13.463
1330	13.475	13.487	13.499	13.511	13.523	13.535	13.547	13.559	13.571	13.583
1340	13.595	13.607	13.619	13.631	13.643	13.655	13.667	13.679	13.691	13.703
1350	13.715	13.727	13.739	13.751	13.763	13.775	13.787	13.799	13.811	13.823
1360	13.835	13.847	13.859	13.871	13.883	13.895	13.907	13.919	13.931	13.943
1370	13.955	13.967	13.979	13.990	14.002	14.014	14.026	14.038	14.050	14.062
1380	14.074	14.086	14.098	14.109	14.121	14.133	14.145	14.157	14.169	14.181
1390	14.193	14.205	14.217	14.229	14.241	14.253	14.265	14.277	14.289	14.301
1400	14.313	14.325	14.337	14.349	14.361	14.373	14.385	14.397	14.409	14.421
1410	14.433	14.445	14.457	14.469	14.480	14.492	14.504	14.516	14.528	14.540
1420	14.552	14.564	14.576	14.588	14.599	14.611	14.623	14.635	14.647	14.659
1430	14.671	14.683	14.695	14.707	14.719	14.730	14.742	14.754	14.766	14.778
1440	14.790	14.802	14.814	14.826	14.838	14.850	14.862	14.874	14.886	14.898
1450	14.910	14.921	14.933	14.945	14.957	14.969	14.981	14.993	15.005	15.017
1460	15.029	15.041	15.053	15.065	15.077	15.088	15.100	15.112	15.124	15.136
1470	15.148	15.160	15.172	15.184	15.195	15.207	15.219	15.230	15.242	15.254
1480	15.266	15.278	15.290	15.302	15.314	15.326	15.338	15.350	15.361	15.373
1490	15.885	15.397	15.400	15.421	15.433	15.445	15.457	15.469	15.481	15.492
1500	15.504	15.516	15.528	15.540	15.552	15.564	15.576	15.588	15.599	15.611
1510	15.623	15.635	15.647	15.659	15.671	15.683	15.695	15.706	15.718	15.730
1520	15.742	15.754	15.766	15.778	15.790	15.802	15.813	15.824	15.836	15.848
1530	15.860	15.872	15.884	15.895	15.907	15.919	15.931	15.943	15.955	15.967
1540	15.979	15.990	16.002	16.014	16.026	16.038	16.050	16.062	16.073	16.085
1550	16.097	16.109	16.121	16.133	16.144	16.156	16.168	16.180	16.192	16.204
1560	16.216	16.227	16.239	16.251	16.263	16.275	16.287	16.298	16.310	16.322
1570	16.334	16.346	16.358	16.369	16.381	16.393	16.404	16.416	16.428	16.439
1580	16.451	16.463	16.475	16.487	16.499	16.510	16.522	16.534	16.546	16.558
1590	16.569	16.681	16.593	16.605	16.617	16.629	16.640	16.652	16.664	16.676
1600	16.688									

注：根据“国际实用温标——1968”修正。

二、镍铬-镍硅热电偶分度表（自由端温度为0 ℃）

工作端温度/℃	0	1	2	3	4	5	6	7	8	9
	电压（绝对伏）/mV									
-50	-1.86									
-40	-1.50	-1.34	-1.57	-1.60	-1.64	-1.68	-1.72	-1.75	-1.79	-1.82
-30	-1.14	-1.18	-1.21	-1.25	-1.28	-1.32	-1.36	-1.40	-1.43	-1.46
-20	-0.77	-0.81	-0.84	-0.88	-0.92	-0.96	-0.99	-1.03	-1.07	-1.10

续表

工作端温度/℃	0	1	2	3	4	5	6	7	8	9
	电压（绝对伏）/mV									
-10	-0.39	-0.43	-0.47	-0.51	-0.55	-0.59	-0.62	-0.66	-0.70	-0.74
-0	-0.00	-0.04	-0.08	-0.12	-0.16	-0.20	-0.23	-0.27	-0.31	-0.35
+0	0.00	0.04	0.08	0.12	0.16	0.20	0.24	0.28	0.32	0.36
10	0.40	0.44	0.48	0.52	0.56	0.60	0.64	0.68	0.72	0.76
20	0.80	0.84	0.88	0.92	0.96	1.00	1.04	1.03	1.12	1.16
30	1.20	1.24	1.28	1.32	1.36	1.41	1.45	1.49	1.53	1.57
40	1.61	1.65	1.69	1.73	1.77	1.82	1.86	1.90	1.94	1.98
50	2.02	2.06	2.10	2.14	2.18	2.23	2.27	2.31	2.85	2.39
60	2.43	2.47	2.51	2.56	2.60	2.64	2.68	2.72	2.77	2.81
70	2.85	2.89	2.93	2.97	3.01	3.06	3.10	3.14	3.18	3.22
80	3.26	3.30	3.34	3.39	3.43	3.47	3.51	3.55	3.60	3.64
90	3.68	3.72	3.76	3.81	3.85	3.89	3.93	3.97	4.02	4.06
100	4.10	4.14	4.18	4.22	4.26	4.81	4.35	4.39	4.43	4.47
110	4.51	4.55	4.59	4.63	4.67	4.72	4.76	4.80	4.84	4.88
120	4.92	4.96	5.00	5.04	5.08	5.13	5.17	5.21	4.25	5.29
130	5.33	5.37	5.41	5.45	5.49	5.53	5.57	5.61	5.65	5.69
140	5.73	5.77	5.81	5.85	5.89	5.93	5.97	6.01	6.05	6.09
150	6.13	6.17	6.21	6.25	6.29	6.33	6.37	6.41	6.45	6.49
160	6.53	6.57	6.61	6.65	6.69	6.73	6.77	6.81	6.85	6.89
170	6.93	6.97	7.01	7.05	7.09	7.13	7.17	7.21	7.25	7.29
180	7.33	7.37	7.41	7.45	7.49	7.53	7.57	7.61	7.65	7.69
190	7.73	7.77	7.81	7.85	7.89	7.93	7.97	8.01	8.05	8.09
200	8.18	8.17	8.21	8.25	8.29	8.33	8.37	8.41	8.45	8.49
210	8.53	8.57	8.61	8.65	8.69	8.72	8.77	8.81	8.85	8.89
220	8.93	8.97	9.01	9.06	9.09	9.14	9.18	9.22	9.26	9.30
230	9.34	9.38	9.42	9.46	9.50	9.54	9.58	9.62	9.66	9.70
240	9.74	9.78	9.82	9.86	9.90	9.95	9.99	10.03	10.07	10.11
250	10.15	10.19	10.23	10.27	10.31	10.35	10.40	10.44	10.48	10.53
260	10.56	10.60	10.64	10.68	10.72	10.77	10.81	10.85	10.89	10.93
270	10.97	11.01	11.05	11.09	11.13	11.18	11.22	11.26	11.30	11.34
280	11.38	11.42	11.46	11.51	11.54	11.59	11.68	11.67	11.72	11.76
290	11.80	11.84	11.88	11.92	11.96	12.01	12.05	12.09	12.13	12.17
300	12.21	12.25	12.29	12.33	12.37	12.42	12.46	12.50	12.54	12.58
310	12.62	12.66	12.70	12.75	12.79	12.83	12.87	12.91	12.96	13.00
320	13.04	13.08	13.12	13.16	13.20	13.25	13.29	13.33	13.37	13.41
330	13.45	13.49	13.53	13.58	13.62	13.66	13.70	13.74	13.79	13.83
340	13.87	13.91	13.95	14.00	14.04	14.08	14.12	14.16	14.21	14.25
350	14.30	14.34	14.38	14.43	14.47	14.51	14.55	14.59	14.64	14.68
360	14.72	14.76	14.80	14.85	14.89	14.93	14.97	15.01	15.06	15.10
370	15.14	15.18	15.22	15.27	15.31	15.35	15.39	15.43	15.48	15.52
380	15.56	15.60	15.64	15.69	15.73	15.77	15.81	15.85	15.90	15.94
390	15.99	16.02	16.06	16.11	16.15	16.19	16.23	16.27	16.32	16.36
400	16.40	16.44	16.49	16.53	16.57	16.63	16.66	16.70	16.74	16.79
410	16.83	16.87	16.91	16.96	17.00	17.04	17.08	17.12	17.17	17.21

续表

工作端温度/℃	0	1	2	3	4	5	6	7	8	9
	电压（绝对伏）/mV									
420	17.25	17.29	17.33	17.38	17.42	17.46	17.50	17.54	17.59	17.63
430	17.67	17.71	17.75	17.79	17.84	17.88	17.92	17.96	18.01	18.05
440	18.09	18.13	18.17	18.22	18.26	18.30	18.34	18.38	18.43	18.47
450	18.51	18.55	18.60	18.64	18.68	18.73	18.77	18.81	18.85	18.90
460	18.94	18.98	19.03	19.07	19.11	19.16	19.20	19.24	19.28	19.33
470	19.37	19.41	19.45	19.50	19.54	19.58	19.62	19.66	19.71	19.75
480	19.79	19.83	19.88	19.92	19.96	20.01	20.05	20.09	20.13	20.18
490	20.22	20.26	20.31	20.35	20.39	20.44	20.48	20.52	20.56	20.61
500	20.65	20.69	20.74	20.78	20.82	20.87	20.91	20.95	20.99	21.04
510	21.08	21.12	21.16	21.21	21.25	21.29	21.33	21.37	21.42	21.46
520	21.50	21.54	21.59	21.63	21.67	21.72	21.76	21.80	21.84	21.89
530	21.93	21.97	22.01	22.06	22.10	22.14	22.18	22.22	22.27	22.31
540	22.35	22.39	22.44	22.48	22.52	22.57	22.61	22.65	22.69	22.74
550	22.78	22.82	22.87	22.91	22.95	23.00	23.04	23.08	23.12	23.17
560	23.21	23.25	23.29	23.34	23.38	23.42	23.46	23.50	23.55	23.59
570	23.63	23.67	23.71	23.75	23.79	23.84	23.88	23.92	23.96	24.01
580	24.05	24.09	24.14	24.18	24.22	24.27	24.31	24.35	24.39	24.44
590	24.48	24.52	24.56	24.61	24.65	24.69	24.73	24.77	24.82	24.86
600	24.90	24.94	24.99	25.03	25.07	25.12	25.15	25.19	25.23	25.27
610	25.32	25.37	25.41	25.46	25.50	25.54	25.58	25.62	25.67	25.71
620	25.75	25.79	25.84	25.88	25.92	25.97	26.01	26.05	26.09	26.14
630	26.13	26.22	26.26	26.31	26.35	26.39	26.43	26.47	26.52	26.56
640	26.60	26.64	26.69	26.73	26.77	26.82	26.86	26.90	26.94	26.99
650	27.03	27.07	27.11	27.16	27.20	27.24	27.28	27.32	27.37	27.41
660	27.45	27.49	27.53	27.57	27.62	27.66	27.70	27.74	27.79	27.83
670	27.87	27.91	27.95	28.00	28.04	28.08	28.12	28.16	28.21	28.25
680	28.29	28.39	28.38	28.42	28.46	28.50	28.54	28.58	28.62	28.67
690	28.71	28.75	28.79	28.84	28.88	28.92	28.96	29.00	29.05	29.09
700	29.13	29.17	29.21	29.26	29.30	29.34	29.38	29.42	29.47	29.51
710	29.55	29.59	29.63	29.68	29.72	29.76	29.80	29.84	29.89	29.93
720	29.97	30.01	30.05	30.10	30.14	30.18	30.22	30.26	30.31	30.35
730	30.39	30.43	30.47	30.52	30.56	30.60	30.64	30.68	30.73	30.77
740	30.81	30.85	30.89	30.93	30.97	31.02	31.06	31.10	31.14	31.18
750	31.22	31.26	31.30	31.35	31.39	31.43	31.47	31.51	31.56	31.60
760	31.64	31.68	31.72	31.77	31.81	31.85	31.89	31.93	31.98	32.02
770	32.06	32.10	32.14	32.18	32.22	32.26	32.30	32.34	32.38	32.42
780	32.46	32.50	32.54	32.59	32.63	32.67	32.71	32.75	32.80	32.84
790	32.87	32.91	32.95	33.00	33.04	33.09	33.13	33.17	33.21	32.25
800	33.29	33.33	33.37	33.41	33.45	33.49	33.53	33.57	33.61	33.65
810	33.69	33.73	33.77	33.81	33.85	33.90	33.94	33.98	34.02	34.06
820	34.10	34.14	34.18	34.22	34.26	34.30	34.34	34.38	34.42	34.46
830	34.51	34.54	34.58	34.62	34.66	34.71	34.75	34.79	34.83	34.87
840	34.91	34.95	34.99	35.03	35.07	35.11	35.16	35.20	35.24	35.28
850	35.32	35.36	35.40	35.44	35.48	35.52	35.56	35.60	35.64	35.68

续表

工作端温度/℃	0	1	2	3	4	5	6	7	8	9
	电压（绝对伏）/mV									
860	35.72	35.76	35.80	35.84	35.88	35.93	35.97	36.01	36.05	36.09
870	36.13	36.17	36.21	36.25	36.29	36.33	36.37	36.41	36.45	36.49
880	36.53	36.57	36.61	36.65	36.69	36.73	36.77	36.81	36.85	36.89
890	36.93	36.97	37.01	37.05	37.09	37.13	37.17	37.21	37.25	37.29
900	37.33	37.37	37.41	37.45	37.49	37.53	37.57	37.61	37.65	37.69
910	37.73	37.77	37.81	37.85	37.89	37.93	37.97	38.01	38.05	38.09
920	38.13	38.17	38.21	38.25	38.29	38.33	38.37	38.41	38.45	38.49
930	38.53	38.57	38.61	38.65	38.69	38.73	38.77	38.81	38.85	38.89
940	38.93	38.97	39.01	39.05	39.09	39.13	39.16	39.20	39.24	39.28
950	39.32	39.36	39.40	39.44	39.48	39.52	39.56	39.60	39.64	39.68
960	39.72	39.76	39.80	39.83	39.87	39.91	39.94	39.98	40.02	40.06
970	40.10	40.14	40.18	40.22	40.26	40.30	40.33	40.37	40.41	40.45
980	40.49	40.53	40.57	40.61	40.65	40.69	40.72	40.76	40.80	40.84
990	40.88	40.92	40.96	41.00	41.04	41.08	41.11	41.15	41.19	41.23
1000	41.27	41.31	41.35	41.39	41.43	41.47	41.50	41.54	41.58	41.62
1010	41.66	41.70	41.74	41.77	41.81	41.85	41.89	41.93	41.96	42.00
1020	42.04	42.08	42.12	42.16	42.20	42.24	42.27	42.31	42.35	42.39
1030	42.43	42.47	42.51	42.55	42.59	42.63	42.66	42.70	42.74	42.78
1040	42.88	42.87	43.91	42.93	42.97	43.01	43.05	43.09	43.13	43.17
1050	43.21	43.25	43.29	43.32	43.35	43.39	43.43	43.47	43.51	43.55
1060	43.59	43.63	43.67	43.69	48.73	43.77	43.81	43.85	43.89	43.93
1070	48.97	44.01	44.05	44.08	44.12	44.15	44.19	44.22	44.26	44.30
1080	44.34	44.38	44.42	44.45	44.49	44.53	44.57	44.61	44.64	44.68
1090	44.72	44.76	44.80	44.87	44.89	44.91	44.96	44.99	45.02	45.06
1100	45.10	45.14	45.18	45.21	45.25	45.29	45.33	40.37	45.40	45.44
1110	45.48	45.52	45.55	45.59	45.63	45.67	45.70	45.74	45.78	45.81
1120	45.85	45.89	45.93	45.96	46.00	46.04	46.08	46.12	46.15	46.19
1130	46.23	46.27	46.30	46.34	46.38	46.42	46.45	46.49	46.53	46.56
1140	46.60	46.64	46.67	46.71	46.75	46.79	46.82	46.86	46.90	46.93
1150	46.97	47.01	47.04	47.08	47.12	47.16	47.19	47.23	47.27	47.30
1160	47.34	47.38	47.41	47.45	47.49	47.53	47.56	47.60	47.64	47.67
1170	47.71	47.75	47.78	47.82	47.86	47.90	47.93	47.97	48.01	48.04
1180	48.08	48.12	48.15	48.19	48.22	48.26	48.30	48.33	48.37	48.40
1190	48.44	48.48	48.51	48.55	48.59	48.63	48.66	48.70	48.74	48.77
1200	48.81	48.85	48.88	48.92	48.95	48.99	49.03	49.06	49.10	49.13
1210	49.17	49.21	49.24	49.28	49.31	49.35	49.39	49.42	49.46	49.49
1220	49.53	49.57	49.60	49.64	49.67	49.71	49.75	49.78	49.82	49.85
1230	49.89	49.93	49.96	50.00	50.03	50.07	50.11	50.14	50.18	50.21
1240	50.25	50.29	50.32	50.36	50.39	50.43	50.47	50.50	50.54	50.59
1250	50.61	50.65	50.68	50.72	50.75	50.79	50.83	50.86	50.90	50.93
1260	50.96	51.00	51.03	51.07	51.10	51.14	50.18	51.21	51.25	51.28
1270	50.32	51.35	51.39	51.43	51.46	51.50	51.54	51.57	51.61	51.64
1280	51.67	51.71	51.74	51.78	51.81	51.85	51.88	51.92	51.95	51.99
1290	52.02	52.06	52.09	52.13	52.16	52.20	52.23	52.27	52.30	52.33
1300	52.37									

附录E　全国大学生金相技能大赛评分标准

评分项目	要求	类　别	得分
金相图像质量（80分）	组织正确与组织清晰度（40分）	几乎看不清组织	0~4分
		可以辨别部分组织、很不清晰	5~12分
		组织可勉强辨别，不够清晰	13~20分
		组织正确、组织比较清晰	21~32分
		组织正确、组织很清晰	33~40分
	划痕（20分）	低倍粗大划痕3条以上且交叉	0~5分
		低倍粗大划痕2条或高倍细划痕数量很多（4个视场可见）	6~9分
		低倍粗大划痕1条或高倍细划痕数量较多（2~3个视场可见）	10~13分
		无低倍粗大划痕，高倍细划痕数量较少（1个视场可见）	14~17分
		无低倍粗大划痕，高倍细划痕数量很少或没有	18~20分
	假象（20分）	假象较多	0~8分
		假象较少	9~14分
		基本没有假象	15~20分
样品表面质量（10分）	宏观划痕及样品清洁程度（5分）	污迹、坑点、宏观划痕多	0~1分
		污迹、坑点、宏观划痕中等	2~3分
		污迹、坑点、宏观划痕少或没有	4~5分
	观察面平整度（4分）	有明显坡面	0~2分
		坡面小基本平整	3分
		很平整	4分
	样品磨面倒角（1分）	目测，视倒角质量给分［标准倒角为（0.5~1）mm×45°］	0~1分
操作规范（10分）	引导学生良好实验习惯（10分）	评分标准另行制定	

参考文献

［1］崔忠圻，覃耀春．金属学及热处理［M］．北京：机械工业出版社，2020.
［2］沈莲．机械工程材料［M］．北京：机械工业出版社，2007.
［3］朱张校，姚可夫．工程材料学［M］．北京：清华大学出版社，2012.
［4］文九巴．机械工程材料［M］．北京：机械工业出版社，2009.
［5］刘智恩．材料科学基础［M］．西安：西北工业大学出版社，2013.
［6］戴起勋．金属材料学［M］．北京：化学工业出版社，2011.
［7］束德林．金属力学性能［M］．北京：机械工业出版社，1997.
［8］黄明志．金属力学性能［M］．西安：西安交通大学出版社，1986.
［9］姜伟之，赵时熙．工程材料的力学性能［M］．北京：北京航空航天大学出版社，1990.
［10］潘清林，孙建林．材料科学与工程实验教程［M］．北京：冶金工业出版社，2024.
［11］葛利玲．材料科学与工程基础实验教程［M］．北京：机械工业出版社，2019.
［12］潘清林．金属材料科学与工程实验教程［M］．长沙：中南大学出版社，2006.
［13］那顺桑．金属材料工程专业实验教程［M］．北京：冶金工业出版社，2005.
［14］施雯，戚飞鹏，杨弋涛．金属材料工程实验教程［M］．北京：化学工业出版社，2009.
［15］吴润，刘静．金属材料工程实践教学综合实验指导书［M］．北京：冶金工业出版社，2008.
［16］杨明波．金属材料实验基础［M］．北京：化学工业出版社，2008.
［17］吴品，纪嘉明，丁红燕．金属材料实验指导［M］．镇江：江苏大学出版社，2009.
［18］刘天桢，王金星，张力．工程材料系列课程实验指导［M］．重庆：重庆大学出版社，2008.
［19］周小平．金属材料及热处理实验教程［M］．武汉：华中科技大学出版社，2006.
［20］戴雅康．金属力学性能实验［M］．北京：机械工业出版社，1999.
［21］高建明．材料力学性能［M］．武汉：武汉理工大学出版社，2000.
［22］周玉．材料分析方法［M］．哈尔滨：哈尔滨工业大学出版社，2004.
［23］张锐．现代材料分析方法［M］．北京：化学工业出版社，2007.
［24］常铁军，祁欣．材料近代分析测试方法［M］．哈尔滨：哈尔滨工业大学出版社，1999.
［25］张庆钧．材料现代分析测试实验［M］．北京：化学工业出版社，2006.
［26］邱平善，王桂芳，郭立伟．材料近代分析测试方法实验指导［M］．哈尔滨：哈尔滨工程大学出版社，2001.
［27］李树棠．X射线衍射实验方法［M］．北京：冶金工业出版社，2000.